Shahide Dehghan
Hoosein Norouzi
Hossein Gholami

A revolução do vidro: Conceção de edifícios transparentes

AF376360

Shahide Dehghan
Hoosein Norouzi
Hossein Gholami

A revolução do vidro: Conceção de edifícios transparentes

ScienciaScripts

Imprint

Any brand names and product names mentioned in this book are subject to trademark, brand or patent protection and are trademarks or registered trademarks of their respective holders. The use of brand names, product names, common names, trade names, product descriptions etc. even without a particular marking in this work is in no way to be construed to mean that such names may be regarded as unrestricted in respect of trademark and brand protection legislation and could thus be used by anyone.

Cover image: www.ingimage.com

This book is a translation from the original published under ISBN 978-620-7-84476-0.

Publisher:
Sciencia Scripts
is a trademark of
Dodo Books Indian Ocean Ltd. and OmniScriptum S.R.L publishing group

120 High Road, East Finchley, London, N2 9ED, United Kingdom
Str. Armeneasca 28/1, office 1, Chisinau MD-2012, Republic of Moldova, Europe
Printed at: see last page
ISBN: 978-620-7-98828-0

Copyright © Shahide Dehghan, Hoosein Norouzi, Hossein Gholami
Copyright © 2024 Dodo Books Indian Ocean Ltd. and OmniScriptum S.R.L publishing group

A revolução do vidro: Conceção de edifícios transparentes

Shahide Dehghan[1], Hoosein Norouzi[2], Hossein Gholami[3]

[1]Departamento de Geografia, Secção de Najafabad, Universidade Islâmica Azad, Najafabad, Irão

[2] Departamento de Engenharia Civil, Isfahan (Khorasgan) Branch, Islamic Azad University, Isfahan, Irão

[3]Departamento de Engenharia Civil, Isfahan (Khorasgan) Branch, Islamic Azad University, Isfahan, Irão

2025

Índice

Prefácio

O sector da construção está sempre à procura de formas de aumentar a eficiência e de produzir caraterísticas novas e surpreendentes. Um dos casos mais mencionados nesta indústria é a utilização do vidro ou do betão transparente. O principal objetivo da sua conceção e construção é a utilização de aspectos estéticos no design interior e exterior. O betão transparente é um dos mais recentes materiais de construção com uma combinação de partículas de betão e fibra ótica, que pode ser utilizado em vez de painéis pré-fabricados ou blocos semi-transparentes. A globalização e a construção de edifícios altos e a redução do espaço entre edifícios aumentaram a utilização de fontes de energia não renováveis e de técnicas de construção inteligentes (como edifícios verdes e sistemas de aquecimento interior). Por conseguinte, este tipo de betão é uma nova técnica que, em comparação com o betão normal, utiliza a luz solar em vez de eletricidade. Este betão tem a capacidade de transmitir luz para o outro lado devido à presença de partículas de fibra ótica. O vidro é um material estranho que oferece um potencial infinito para transformar um local num espaço funcional e bonito, e os recentes avanços na tecnologia aumentaram essas possibilidades. Embora o vidro possa ser considerado como um aspeto prático na arquitetura e na construção, também desempenha um papel importante no design de interiores. Compreender os benefícios que o vidro oferece aos designers requer pelo menos uma compreensão básica da natureza do vidro no design estrutural. Os melhores designers trabalham com vidro e estruturas de vidro e são capazes de harmonizar as suas ideias com o vidro disponível. De acordo com este ponto, indicamos algumas das vantagens da utilização do vidro no design de interiores e os casos mais utilizados de utilização do vidro. O foco do design de interiores é o interior de um espaço ou estrutura. Isto não significa que os designers se devam limitar a uma estética que deriva apenas do design tradicional, moderno ou arquitetónico. Uma das grandes vantagens do vidro no design de interiores é o facto de dar a oportunidade de utilizar o espaço exterior. Por outras palavras, as caraterísticas do vidro permitem que os designs de interiores se inspirem no mundo exterior como um estímulo visual.

Introdução

Os designers, por sua vez, criam uma sensação de fluxo e criam uma ligação perfeita entre os espaços interiores e exteriores. Esta é uma caraterística valiosa para os designers que desejam melhorar os aspectos espaciais dos seus interiores. Outro benefício importante da capacidade do vidro para se ligar ao exterior é a oportunidade que dá aos designers de utilizarem a natureza no seu trabalho. Embora o pré-requisito para tal não seja a utilização de pedra e madeira no design, a instalação de um vidro de grandes dimensões pode tornar-se um peso visual unificado ao proporcionar uma vista de algo como uma piscina, árvores ou outro elemento natural no espaço aberto. Os elementos de vidro podem melhorar os projectos que se inspiram na natureza, proporcionando uma paisagem inspirada na sua inspiração. O mesmo princípio aplica-se aos ambientes urbanos - as vistas de tudo, desde arranha-céus a moradias, são utilizadas para iluminar a estética interior moderna. O conceito principal aqui é que o vidro não tem apenas a capacidade de trazer o ar livre para dentro de casa. Com tantas caraterísticas e tecnologias diferentes disponíveis que permitem soluções mais criativas e práticas do que nunca, o vidro tem o potencial de ajudar os designers a mudar o seu foco do interior para o exterior. Analisámos exaustivamente algumas das caraterísticas mais populares do vidro que são exclusivas do design de interiores: As portas de vidro são muito procuradas por arquitectos e designers devido à sua elegância e elevada transparência. A utilização de uma porta totalmente em vidro com o mínimo de componentes de suporte e acessórios mínimos é um caso muito importante na arquitetura moderna. Antigamente, as portas de vidro não eram utilizadas devido à falta de isolamento, mas hoje em dia estas portas tornaram-se uma alternativa muito adequada às portas de madeira e metal, pois para além de serem resistentes, bonitas e modernas, são completamente isoladas (devido à presença de tiras de vedação). Nas caixilharias de alumínio, o corrimão de vidro ou abrigo de vidro é instalado como proteção no terraço, varanda, escadaria e à volta da piscina. As vedações de vidro são muito resistentes e suportam uma força igual a 300 kg por metro quadrado.

Corpo do texto

Devido à utilização de vidro laminado, mesmo depois de partir, o vidro não cai no chão e mantém-se no lugar. A divisória de vidro é uma das mais belas e práticas utilizações do vidro e a melhor alternativa às paredes de tijolo no design e decoração de interiores. O vidro temperado e o laminado utilizados nas divisórias são muito resistentes e espalham a luz no interior do edifício, não havendo necessidade de luz adicional. Em locais como quartos de dormir em casas ou salas de direção em escritórios, também é possível utilizar vidro colorido, opaco, inteligente e com padrões. As divisórias de vidro oxidado têm diferentes tipos, pode usar qualquer uma destas divisórias Use o local certo, incluindo divisórias de vidro, podem ser mencionadas as seguintes: Divisória de vidro de painel único. Divisória de vidro com vidro duplo. Divisória para escritório aberto. Divisória de vidro colorido ou fosco. Divisória de vidro sem moldura. Divisória de vidro com moldura. Atualmente, a fachada de vidro é um dos tipos de fachada mais utilizados e mais bonitos nos modernos edifícios residenciais, de escritórios e comerciais. Porque, para além de serem bonitos, os vidros têm um certo isolamento acústico e térmico e também provocam a transmissão de luz entre os pisos do edifício. Existem diferentes tipos de fachadas de vidro, cada uma delas com vantagens e desvantagens. Entre os tipos de fachadas de vidro, podemos mencionar os seguintes: Fachada de vidro para fachada cortina. Fachada de vidro fino. Fachada de vidro sem moldura. Fachada de vidro aranha. Fachada de vidro com grampo. Cabine de duche de vidro e divisória (separador), duche de segurança e laminado estão entre as mais modernas utilizações do vidro no design e na arquitetura de interiores de edifícios residenciais, moradias e hotéis. Existem diferentes tipos de cabinas de duche, tais como cabinas de duche com calhas, cabinas de duche rebatíveis sem portas, etc., cada uma das quais com vantagens e desvantagens, devendo escolher a melhor opção de acordo com o espaço da sua casa de banho. As divisórias são também um dos tipos de cabinas de duche em vidro que apenas são instaladas como separador entre o duche e a sanita. Este tipo de cabine de duche é conhecido como divisória de duche porque não tem porta. No passado, a instalação de uma parede de vidro exigia uma estrutura espessa devido ao seu elevado peso. Mas, hoje em dia, as tecnologias modernas permitem que os especialistas e arquitectos instalem painéis. para produzir um tamanho completamente sem moldura e quase desejado, o que tem um impacto muito profundo no espaço interior. As paredes de vidro criam sobretudo uma sensação de continuidade horizontal. Enquanto uma simples janela pode proporcionar uma vista emoldurada de uma caraterística exterior específica, as paredes de vidro expansivas e sem moldura criam a sensação de que um espaço interior se estende para além dos seus limites reais. Podem ter portas de correr para dar acesso a áreas exteriores, como pátios, refeições ao ar livre e jardins. Isto significa que os elementos de design de interiores (como mesas, cadeiras e outros elementos) podem ser deslocados para o exterior ou vice-versa. Reforçado pelo calor, endurecido e laminado, agora para profissionais e arquitectos, é possível utilizar o pavimento de vidro na construção de um projeto. A instalação de um único painel ou de um conjunto de pavimentos de vidro largos; os acessórios de interior oferecem vantagens únicas ao designer de interiores. Quando instalados no espaço entre dois pisos, os pavimentos de vidro podem proporcionar uma vista da divisão acima ou abaixo. Neste cenário, os designers podem apresentar os espaços acumulados num único local de forma a que a vista do chão de vidro para baixo ou para cima se torne o espaço visual desejado. Estes designs permitem o fluxo vertical de uma divisão para outra, o que não era tradicionalmente possível no passado. Os novos tipos de vidro (transparente, colorido e ainda mais invulgar, jato de areia e vidro impresso) significam que os pavimentos de vidro podem ser utilizados como uma caraterística visual no design de interiores. Os pavimentos de vidro tornaram-se uma ferramenta de design valiosa por direito próprio. Embora as paredes e os pavimentos de vicro tenham o seu potencial único no que diz respeito ao design de interiores, em muitos aspectos, as clarabóias e os tectos de vidro são os melhores. Cferecem os dois mundos, ao mesmo tempo que trazem várias caraterísticas estéticas únicas para o mesmo espaço. Os tectos de vidro (fixos e retrácteis) podem proporcionar um elemento prático e estético a um design. Estas estruturas de vidro podem dar acesso a áreas exteriores do telhado (como um terraço ou jardim), ao mesmo tempo que proporcionam as vantagens estéticas de um teto de vidro sem moldura. Isto significa que os designers de interiores podem traçar uma linha de visão do topo das áreas exteriores para o interior. Além disso, estes tectos de vidro, ao apresentarem uma vista para o céu e ao fornecerem uma fonte de luz forte e independente, eliminam a necessidade de fontes de luz adicionais. deletes A luz é uma parte integrante de qualquer espaço interior, enquanto as estruturas de vidro exteriores fornecem parcialmente a luz do dia, os tectos de vidro são definitivamente a fonte mais fiável e segura. Este caso mostra a segunda vantagem mais importante do vidro no design de interiores. Nos últimos anos, a fachada de vidro tornou-se cada vez mais o coração da arquitetura moderna, com algumas das mais belas estruturas do mundo. As fachadas de vidro são únicas e exibem algumas obras de arte aplicadas. Muitos edifícios de vidro nasceram ao longo dos anos, apresentando uma beleza deslumbrante e uma inovação extraordinária. Aqui está uma lista dos edifícios de vidro mais espantosos do mundo. No coração do centro financeiro de Londres, o edifício Swiss Re em 30 St Mary Axe, com 180 metros de altura, tem vista para o horizonte de Londres. A sua forma caraterística e a planta circular no rés do chão permitem-lhe abrir o tecido urbano circundante com uma nova praça pública encerrada em muros baixos de pedra. O Grande Teatro Nacional da China está situado em Pequim, perto da Praça Tiananmen. O NGT da China é inteiramente feito de vidro e titânio e está rodeado por um lago artificial que se assemelha a uma cúpula. A estrutura está localizada numa ilha artificial e alberga uma casa de ópera, uma sala de concertos, uma zona comercial e muito mais. Este edifício de vidro é uma obra-prima da arquitetura! Apesar da sua localização, a estrutura foi concebida para se integrar na antiga arquitetura chinesa, ao mesmo tempo que proporciona a Pequim um teatro moderno e adequado. O teatro de Pequim é um dos mais belos do mundo, com Fred Astaire e Ginger Rogers a dançar. Um contraste total com a arquitetura tradicional e histórica de Praga. A torre de vidro "Ginger" está ligada à torre de betão "Fred" e é considerada um dos edifícios mais interessantes da Europa. Muitas pessoas conhecem-na como a famosa casa de vidro na floresta, que é uma estância tranquila, agradável e clara para os fins-de-semana. A atual cúpula do Reichstag oferece vistas fantásticas de 360 graus sobre a paisagem circundante de Berlim e foi concebida por Norman Foster para simbolizar a reunificação alemã. A cúpula original foi destruída no famoso incêndio do Reichstag, e a nova cúpula dá o toque final ao renovado edifício do Reichstag. Não se pode negar que o vidro confere uma elegância especial aos edifícios. O vidro é um dos materiais de construção mais antigos e mais utilizados. Tem sido utilizado desde a antiguidade e é referido em edifícios e vilas em Roma e Pompeia. Atualmente, a utilização de fachadas de vidro, grades de vidro, guardas de vidro e escadas de vidro tornou-se mais popular do que antes, porque confere vantagens únicas à estrutura. O vidro está disponível em muitos tamanhos e estilos estéticos. Os materiais de construção em vidro sob a forma de paredes de blocos, divisórias e janelas podem proporcionar beleza, visibilidade e transmissão de luz. O vidro pode absorver, refratar ou transmitir a luz. Acrescenta beleza ao edifício quando é utilizado como fachada ou proteção de vidro. O vidro transmite até 80% da luz natural disponível durante o dia.

A utilização de luz natural pode reduzir as contas de eletricidade, iluminar as divisões de um edifício e também melhorar a disposição dos residentes. O vidro é resistente às intempéries e pode suportar os efeitos do vento, da chuva ou do sol. O vidro também é resistente à ferrugem e não se degrada devido aos efeitos das condições químicas e ambientais. O vidro é 100% reciclável e não se decompõe durante o processo de reciclagem, podendo ser reciclado vezes sem conta sem perder qualidade ou pureza. O vidro não é afetado pelo som, ar e água. O vidro duplo transmite muito pouco som e, por isso, pode ser um bom isolamento acústico. O vidro tem uma superfície lisa e brilhante; por conseguinte, é anti-poeira e fácil de limpar. O vidro é um dos principais componentes da arquitetura e do design, com muitos tipos, aplicações e vantagens. Pode realçar a beleza de um edifício, poupar dinheiro ao reduzir o consumo de energia e é durável. Com tantos avanços na engenharia e no design, temos a certeza de que mais edifícios de vidro inovadores estarão a caminho. Os estilos arquitectónicos estão em constante mudança, bem como a tecnologia e os materiais de construção utilizados, mas, na nossa opinião, linhas simples, vidro e luz natural criam uma fórmula vencedora. A utilização do vidro na fachada do edifício é considerada uma construção única no sector da construção, porque, para além da beleza única que confere à fachada do edifício, transmite mais luz natural aos espaços interiores do edifício do que outras fachadas. A construção em vidro é um tipo popular de fachadas de edifícios que temos visto ser utilizado em muitos edifícios e torres nos últimos anos. Não importa qual seja a utilização de um edifício de vidro, o vidro utilizado com a sua transparência confere uma beleza extraordinária ao edifício. Atualmente, este produto tornou-se o material de construção mais popular e misterioso, com várias caraterísticas e funcionalidades. É especialmente utilizado em edifícios. No entanto, o design e a arquitetura do edifício requerem considerações especiais. O edifício de vidro duplica a atratividade do edifício com o seu reflexo e continuidade. A utilização de fachadas de vidro permitiu que os residentes beneficiassem do máximo de luz e de luz natural. A fachada do edifício de vidro é considerada como um isolamento acústico adequado no edifício, no entanto, o método de implementação e o tipo de vidro têm um impacto significativo no isolamento deste tipo de fachada. A segurança é a questão mais importante na realização de qualquer projeto de construção que a utilize. As coberturas de segurança são uma boa escolha para as estruturas e proporcionam mais segurança do que outros tipos. Conceber o vidro do edifício com vidro inquebrável e prestar atenção à sua segurança garante a segurança e a proteção do interior e do exterior do edifício. Devido à sua resistência, o vidro inquebrável não é danificado durante acidentes naturais e não naturais e, consequentemente, não causa perigo de vida. O vidro, além de criar um ambiente seguro, aumenta a eficiência energética. Porque durante o dia, com a luz natural do sol, o espaço ideal do edifício é iluminado e o calor do sol aquece o ambiente. Naturalmente, em edifícios altos, deve ser utilizado vidro de segurança que não cause problemas com o ar condicionado no interior do edifício. No início, era o vidro de flauta que era utilizado para a conceção das construções, mas com o passar do tempo, notou-se a conceção do edifício com produtos de segurança devido às condições seguras e cómodas que proporcionava. Estes produtos são normalmente utilizados na fachada de edifícios com cores escuras para criar um aspeto elegante e coerente na fachada do edifício. Com o progresso da indústria vidreira, ao longo do tempo, são utilizados diferentes vidros canelados, temperados e laminados para diferentes superfícies, o que cria transparência e um efeito especial em diferentes superfícies. Este tipo de produto pode ser concebido com propriedades reflectoras para que não receba demasiada luz e luz solar quando utilizado na fachada do edifício. Normalmente, o tipo de cor absorve uma percentagem menor da luz e da energia do sol para o interior do edifício do que o tipo de transparência. A combinação destas caraterísticas torna-a uma escolha adequada que evita muitos custos futuros. reconhecer oficialmente. A espessura adequada para utilização em diferentes partes do edifício deve ser avaliada para confirmar a sua tolerância contra ventos fortes, neve e nevões. Devido ao tipo de construção e ao choque que lhes é infligido durante a produção, o vidro temperado e laminado torna o vidro mais resistente ao vento e à chuva do que o vidro comum e capaz de suportar diferentes mudanças de tempo e clima. Estes produtos podem ser utilizados em várias aplicações com caraterísticas de aparência únicas. É possível misturar diferentes caraterísticas e padrões e produzir um produto de acordo com os desejos dos clientes. Devido à sua segurança e resistência ao impacto e devido à sua elevada resistência térmica, este produto é adequado para várias utilizações e pode ser utilizado em casas de banho, lojas, varandas, portas de vidro de correr e de carril, e outros tipos de aplicações. Devido à beleza que cria, o vidro tem sido utilizado para o design de interiores e exteriores durante séculos. A arte da arquitetura progride todos os dias e novos materiais e ferramentas são utilizados para criar novas decorações. Entre os novos materiais, podemos mencionar a utilização do vidro na construção, que tem mantido o seu lugar em todos os períodos de crescimento e desenvolvimento da arquitetura. A razão para o lugar especial da utilização do vidro na arquitetura pode ser apontada para a sua utilização no interior e no exterior dos edifícios, incluindo a utilização do vidro na arquitetura interior e exterior dos edifícios pode ser o vidro no chão e no teto, o vidro na casa de banho, o vidro nas escadas. Entre os exemplos de utilização do vidro na arquitetura interior e exterior dos edifícios contam-se o vidro no chão e no teto, o vidro na casa de banho, o vidro nas escadas, a vedação de vidro, a utilização do vidro na cozinha, o vidro na decoração e o vidro na varanda. O vidro temperado tem um limiar de tolerância à temperatura muito elevado. Até 250 graus é o limite de temperatura que pode ser tolerado pelo vidro temperado. Além disso, este vidro é muito seguro contra impactos e pulveriza-se quando se parte. A modernização da fachada com o menor custo, o melhor aproveitamento possível da luz ambiente e, consequentemente, a redução dos custos energéticos, a compatibilidade do vidro temperado com todos os tipos de materiais utilizados. Nas fachadas de edifícios, a variedade de cores do vidro e a possibilidade ilimitada de tamanhos de produção estão entre os efeitos do uso do vidro na fachada do edifício. Atualmente, muitos dos grandes e modernos arquitectos do mundo consideram o vidro como uma parte inseparável da fachada moderna na arquitetura de um edifício e na fachada de todos os edifícios. Os próprios edifícios utilizam-no. Devido à facilidade de produção no tamanho pretendido e à rapidez de instalação, a utilização de vidro temperado reduz muito o tempo de montagem da fachada do edifício e poupa muito nos custos gerais de mão de obra e humanos do edifício. Provavelmente também já não viu os atractivos blocos de vidro em alguns edifícios, blocos cuja presença confere uma beleza especial ao espaço de qualquer edifício. O bloco de vidro, também conhecido como tijolo de vidro, é um elemento arquitetónico. É feito de vidro, que é considerado uma variedade de materiais em termos de cor, dimensões, textura e forma. Estes blocos de vidro impedem a passagem direta da luz e, com a passagem refinada da luz, conferem uma beleza especial ao espaço, para além da iluminação moderada, e desempenham um papel decorativo na estrutura arquitetónica das casas. Em geral, estes blocos são ocos e são utilizados de forma não portante. Os blocos de vidro modernos foram criados no início dos anos 1900 para criar luz natural e utilizando os princípios da luz prismática já existentes nas fábricas. Atualmente, estes blocos de vidro são utilizados em paredes, clarabóias e iluminação de calçadas. Em geral, a textura e a cor dos tijclos de vidro podem ser variadas para proporcionar uma ampla gama de transparência. Os padrões na superfície do vidro podem ser criados na direção da superfície interior ou exterior durante o arrefecimento do vidro durante o fabrico, de modo a criar diferentes modos. Para criar um espaço privado desejável, este bloco de vidro pode ser utilizado para envidraçamento. Os blocos de vidro ocos que são produzidos para paredes são feitos a partir de uma combinação de quatro materiais, vidro reciclado, areia, carbonato de sódio e calcário. serão Estes materiais aquecidos são combinados e depois vertidos em moldes com diferentes padrões e cada molde forma um meio bloco. As metades separadas produzidas após o arrefecimento dos blocos são reaquecidas e as duas peças são pressionadas uma contra a outra. Desta forma, é criado um vácuo no espaço interior deste produto. Devido ao facto de estes blocos serem ocos, não têm a capacidade de suporte dos tijolos e são utilizados em paredes de cortina. As paredes feitas com este produto criam limitações na construção devido ao seu enquadramento. Os blocos de vidro utilizados no chão são normalmente fabricados como uma peça sólida ou como um bloco de vidro oco com faces mais espessas do que os blocos de parede. Estes blocos são normalmente enquadrados numa grelha de betão armado ou colocados numa estrutura metálica. Os blocos fabricados para a parede não devem ser utilizados no pavimento de forma alguma, porque a sua capacidade de carga não é adequada para a utilização no pavimento. É interessante saber que os blocos de vidro disponíveis no mercado são preenchidos com gás árgon no interior do bloco e que no meio do bloco é colocada uma camada de vidro com baixa emissão de calor, o que torna o bloco isolante. Por outro lado, os blocos produzidos de forma normal, concebidos para a parede, têm pouca resistência ao fogo e, a este respeito, é possível aumentar a resistência ao fogo deste bloco fabricando um tipo especial de bloco com paredes mais espessas. Outro método de fabrico de blocos de vidro consiste em criar uma camada especial e resistente ao fogo entre as metades do bloco durante a construção. Além disso, entre outros procedimentos de construção do tijolo de vidro adoptados por alguns fabricantes, está a utilização de um tipo de cola na colagem das metades do tijolo, que produz um tijolo com uma espessura de 190 mm e aumenta a resistência ao calor; mas, em geral, há que reconhecer que o método recentemente utilizado é a injeção de gás árgon no interior do tijolo de vidro, que aumenta significativamente a resistência do produto ao fogo. Ao mesmo tempo que o bloco de vidro transmite a luz, tem muitas caraterísticas de uma parede de tijolo resistente, o que justifica a sua utilização nestes casos. O tijolo de vidro é um dos materiais que não se vêem por detrás. A opacidade deste tipo de tijolo de vidro permite a passagem de menos luz e é normalmente produzido na cor branca ou leitosa. Em geral, é preciso saber que o uso do tijolo de vidro opaco, além dos aspectos decorativos, tem muitas utilidades como divisória de um quarto, de uma casa de banho ou de um lavabo. Os tijolos de vidro com padrão são produzidos em diferentes modelos. Neste tipo de tijolos de vidro, a quantidade de luz que passa através deles é boa, mas tem menos visibilidade do que um bloco de vidro simples. Por outro lado, este tipo de tijolo pode ser utilizado para decorar diferentes partes da casa, com base nos vários desenhos disponíveis no mercado. Naturalmente, a caraterística de ser transparente ajuda este tipo de tijolos a fazer passar a luz, muito melhor do que outros tijolos, especialmente os de tipo mate. É de notar que estes blocos são produzidos de forma simples, o uso de blocos de vidro transparentes é popular em locais onde é necessário ter mais visibilidade. Os blocos de vidro coloridos são peças que são feitas de vidro. Para além dos aspectos decorativos, estas peças têm muitas utilizações. Para as ligar, utiliza-se normalmente argamassa ou cola, juntamente com espaçadores ou separadores. Os blocos de vidro coloridos foram fabricados a partir de 1900 e são usados principalmente para fornecer luz natural ao edifício através das paredes. Hoje, na arquitetura mundial, o tijolo de vidro desempenha um papel especial, e engenheiros, designers e arquitectos de renome internacional utilizam este produto devido à sua beleza e variedade de cores para criar espaços decorativos. No final do século XIX, surgiram os modernos blocos de vidro chamados blocos de vidro ocos Falconier. Este produto era produzido em várias cores e era formado em moldes enquanto estava a derreter. Este produto pode ser utilizado no teto e na parede e pode ser ligado entre si por arame e cimento. Este produto é utilizado em estufas. A razão para esta utilização é a não condutividade do vidro, o controlo da temperatura e a falta de porosidade do vidro e, consequentemente, o controlo da humidade. Os blocos Fauconir são muito apreciados pelos clientes devido ao facto de não absorverem poeiras, humidade e, consequentemente, não mancharem. É interessante saber que este tipo de blocos de vidro é produzido utilizando várias camadas de vidro e diferentes tipos de dureza, e devido à sua elevada segurança e à prova de bala a sua utilização é mais útil nos bancos. Os tijolos ou blocos de vidro têm naturalmente inúmeras vantagens devido às suas caraterísticas e funcionalidades amplamente utilizadas. Neste sentido, as vantagens deste tipo de material podem ser enumeradas da seguinte forma: Normalmente, este tipo de tijolo é utilizado em edifícios de habitação, escritórios, restaurantes, armazéns, edifícios artísticos, culturais e religiosos. A utilização deste tipo de material de construção pode ser utilizada para separar espaços interiores, mantendo uma iluminação suficiente. A espessura destes blocos é baixa em comparação com as paredes de tijolo tradicionais (pelo menos 15 cm), o que leva a um aumento do espaço útil da divisão. O vidro tem elevadas propriedades de isolamento sonoro e térmico. Os blocos de vidro são mais leves do que as paredes de tijolo tradicionais. É possível utilizar diferentes desenhos e cores numa ou mais paredes, de acordo com o gosto de cada um. A instalação e a utilização do tijolo de vidro são mais simples e rápidas do que as do tijolo tradicional. Porque as várias e numerosas fases do revestimento tradicional das paredes incluem a alvenaria, o reboco, a caiação e a pintura, o tijolo de vidro inclui apenas a alvenaria e, em casos especiais, o reboco. Em geral, o custo de uma parede de vidro é inferior ao de uma parede tradicional. O vidro pode ser facilmente limpo com um pano húmido e é o que menos incomoda os moradores.

Enquanto as paredes tradicionais precisam de ser pintadas pelo menos de quatro em quatro anos. É possível utilizar tijolos de vidro na totalidade ou em partes da fachada do edifício sem restrições Naturalmente, oferecemos a possibilidade de utilizar tijolos de vidro numa parte da fachada do edifício e em diferentes lugares. De facto, este tipo de tijolo de vidro pode ser utilizado na conceção de cozinhas abertas, na divisão dos espaços interiores do edifício, no separador entre a casa de banho e o quarto de banho, no separador entre a casa de banho e o quarto de vestir, na utilização do tijolo de vidro na parede da piscina, na utilização do tijolo de vidro. Prepara e realiza coberturas e arranjos exteriores. Existem regras e princípios que devem ser seguidos para instalar os blocos de vidro e garantir a sua correta instalação. É também de referir que a instalação de um bloco para o teto é diferente da instalação de um bloco para a parede. Em primeiro lugar, é preciso notar que nunca se deve usar tijolos de vidro para construir uma parede de suporte de carga no edifício, porque é verdade que falámos da resistência deste tipo de material, mas é certamente razoável usá-los como parede de suporte de carga. Não é. Deve-se notar também que os blocos de vidro devem ser sempre colocados dentro de uma moldura para que as suas bordas estejam protegidas contra danos. Para instalar este tipo de blocos, é preciso lembrar-se de usar sempre espaçadores para juntar os blocos. O espaçador é um material de separação que não só mantém os blocos alinhados, mas também faz com que a argamassa se compacte bem e adira aos blocos de vidro. Esta argamassa para blocos de vidro contém pó de pedra e cimento branco. Depois de 24 horas após a instalação do bloco de vidro e a secagem da argamassa, utilizar pó de colagem para unir os blocos; Por conseguinte, em resumo, os passos e as instruções para a instalação de blocos de vidro podem ser considerados como se segue: 1. Primeiro, lembre-se de escolher os blocos de vidro certos para o seu projeto. Os blocos com superfícies maiores permitem a passagem de mais luz, e os blocos estreitos são mais adequados para as janelas. Também é necessário mencionar que é possível criar diferentes dimensões, tamanhos e texturas para criar a imagem desejada dos seus blocos.2. Faça um diagrama da instalação dos blocos. Note-se que os blocos de vidro não podem ser cortados; por conseguinte, o espaço a considerar deve ser proporcional às dimensões dos blocos. Deixe um espaço de 0,6 a 1 cm entre os blocos e entre os blocos e a parede ou o caixilho da janela.3. Se a área de instalação não for coberta com todos os blocos de vidro, tente utilizar outros materiais para cobrir o espaço. 4. Prepare a argamassa de vidro e lembre-se que a quantidade de argamassa a utilizar depende não só das dimensões do projeto, mas também das dimensões do bloco. 5. Depois de preparar a argamassa, aplique uma camada de argamassa e coloque a primeira fila de blocos sobre ela. Coloque o primeiro bloco e aplique argamassa suficiente na face do bloco seguinte para preencher o espaço entre os blocos. O espaço entre o último bloco e a parede é coberto com fita de expansão, e não com argamassa. Esta fita permite que os blocos se ajustem às mudanças de temperatura e à expansão e contração. 6. Em seguida, crie uma distância adequada entre os blocos com um espaçador e bata nos blocos com um martelo especial para que fiquem no seu lugar correto. 7. Durante o procedimento de instalação, utilize um espaçador em forma de T no ambiente de instalação. A taça de vidro é uma das tecnologias mais criativas da história da humanidade, concebida para proporcionar conforto em espaços fechados. As fachadas arquitectónicas de vidro tornaram-se possíveis com o desenvolvimento e o progresso dos sistemas de refrigeração e aquecimento, caso contrário os edifícios modernos seriam inabitáveis. A consequência de tal iniciativa é que os arquitectos se libertaram de qualquer tipo de obstáculos ambientais na conceção dos edifícios. Esta questão tem sido muito crítica, uma vez que os arquitectos deixaram de seguir alguns princípios físicos básicos no processo arquitetónico, o que causou o problema do conforto e do consumo ótimo de energia no interior, apesar dos belos exteriores. Num dos edifícios ligeiros concebidos por Le Corbusier em 1984 para pessoas idosas e reformadas, a fachada sudoeste é totalmente em vidro, e a estrutura do edifício definiu pelo menos uma membrana entre o interior e o exterior através de materiais de vidro. O vidro é também a substância principal. Considera-se que a arquitetura moderna é capaz de ligar os seres humanos à natureza e à mudança, à transformação e à transformação arquitetónica em relação à forma de compreender o ambiente circundante. A Casa Farnsworth é um exemplo abreviado da ideia de Mies VanDrohe relativamente à utilização da arquitetura em vidro e, de uma forma moderna, é uma experiência para ultrapassar os limites. Philip Johnson é outra pessoa criativa na utilização do vidro, que uniu o exterior e o interior na casa de vidro, estabelecendo uma ligação com a natureza circundante. A utilização do vidro e da sua natureza transparente é uma harmonia precisa e hábil entre estruturas modernas e livres de decorações e a paisagem circundante. As paredes de vidro do chão ao teto permitem que o ambiente verde exterior seja o limite visual do espaço interior. Atualmente, a criatividade na tecnologia do vidro conduziu a potenciais capacidades na arquitetura e engenharia domésticas. A casa de vidro foi construída em 1949 na cidade de New Cannon, Connecticut, e é uma arquitetura que se situa num grande terreno com uma área de cinco hectares. A casa de vidro tem 55 pés de comprimento e 33 pés de largura e tem uma área total de 1.315 metros quadrados. Foi concebida não só como um bungalow para o arquiteto, mas também como um fórum de discussão de ideias arquitectónicas. O estilo arquitetónico de vidro da casa é melhor compreendido na sua totalidade. O volume da casa de vidro tem cantos rectos para os quais não está definida uma fachada específica e é no estilo do classicismo puro e um abrigo favorável contra condições climatéricas especiais. No projeto da casa de vidro, Philip Johnson, ao contrário de Le Corbusier e Mies van der Rohe, que eram anti-natureza, como Frank Lloyd Wright, projectou compatível com a natureza, no sentido que amava os prados e os campos verdes. O bloco de vidro, que ficou conhecido como tijolo de vidro, é um elemento arquitetónico. É feito de vidro e utilizado em espaços onde a necessidade de barreiras visuais e de privacidade é exigida, ao mesmo tempo que é necessária muita luz. Por exemplo, parques de estacionamento subterrâneos, casas de banho e piscinas públicas. Os blocos arquitectónicos de vidro foram popularizados no início dos anos 1900 para fornecer luz natural em fábricas industriais. Os blocos de tijolo são utilizados tanto para paredes como para pavimentos, os blocos de vidro para pavimentos são normalmente formados como uma única peça integrada, e estes blocos são geralmente fabricados em grelhas de betão armado ou em moldes metálicos. Estes blocos para paredes não devem ser utilizados para pavimentos. Após o fim da Segunda Guerra Mundial, os arquitetos foram encorajados a trabalhar no contexto dinâmico e energético de mudanças caóticas na tecnologia, o sistema avançado de aquecimento e resfriamento era mais eficaz e Na indústria, um novo processo foi lançado para produzir vidro barato e bonito na arquitetura de vidro. Todos estes factores foram combinados com o património cultural e tornaram-se inevitavelmente a utilização do vidro como material especial na fachada do edifício, especialmente em edifícios comerciais, apesar da sua baixa eficiência térmica. O vidro tem sido a expressão e a manifestação da era industrial moderna e, de acordo com as convicções de Mies van der Rohe, o edifício deve ser um sinal claro da época. A fachada está presente em muitas estruturas comerciais da era moderna. Mies van der Rohe é famoso pelo ditado "menos é mais". É também um pioneiro na utilização de vidro em excesso nos edifícios. É uma referência de "pele e ossos". A arquitetura em vidro tem sido vista nas obras de muitos arquitectos modernos. É uma das primeiras caraterísticas da arquitetura moderna que é bem destacada nas obras de Mies van der Rohe. Uma das filosofias fundamentais de Mies van der Rohe para a utilização do vidro é a criação de um espaço fluido. Acredita-se que a arquitetura deve incluir um espaço fluido contínuo no qual a fronteira entre o interior e o exterior é esbatida. A utilização do vidro foi aplicada para cumprir essa ideia e para definir espaços livres sem colunas e rodeados de vidro. Entre 1914 e 1915, Le Corbusier concebeu a Maison Dom-Ino, uma estrutura modular inovadora que substituía as pesadas paredes de suporte de carga por colunas e lajes de betão armado. Uma planta aberta com elementos finos mínimos, combinada com grandes fachadas de vidro, garante uma luz natural saudável para os espaços interiores, bem como uma transparência arquitetónica desejável que pode esbater as fronteiras entre o interior e o exterior - pelo menos metaforicamente. Mais de um século depois de Le Corbusier ter partilhado as suas ideias para o Dom-Ino, a arquitetura contemporânea, seguindo a era moderna, continua a investir na utilização do vidro como solução para paredes e fachadas. Dá. Naturalmente, o significado destes conteúdos mudou um pouco com o passar do tempo. A transparência foi originalmente utilizada para revelar a estrutura e torná-la mais compreensível, mas tornou-se cada vez mais associada a valores ideológicos e é utilizada em edifícios públicos porque evoca uma abertura idealista. que está para além do mundo material e inclui simbolismo. No seu livro

The Art-Architecture Collection, o crítico e historiador Hal Foster comenta um exemplo disso mesmo: a reconstrução do parlamento alemão em Berlim, o Reichstag, por Foster + Partners. Este projeto, assim como muitos outros do mesmo gabinete e de várias outras empresas, pretende fazer uma analogia entre a abertura arquitetónica e a abertura política, com vidros que reflectem a transparência e a acessibilidade da democracia. Outro projeto que explora esta analogia é o Law Courts of Bordeaux de Rogers Stirk Harbor + Partners. O amigo e antigo parceiro de negócios de Norman Foster, Richard Rogers, partilha pontos de vista semelhantes aos do autor do Reichstag, nomeadamente que a transparência física do vidro pode refletir a transparência de um governo democrático - pelo menos esse foi um dos ideais que tentou transmitir aos governos europeus, numa altura caracterizada por um sentimento de unidade antes da crise de 2008. Os historiadores de arte argumentam que projectos como este procuram incorporar os valores democráticos de abertura e participação. Mas esta analogia é ingénua e duvidosa. A aproximação entre valores físicos, valores democráticos e valores simbólicos pode ser perigosa e, em alguns casos, absurda. Um exemplo disso é o projeto para o Supremo Tribunal de Singapura, também concebido pela Foster + Partners - dada a história desse governo, a estreita ligação entre a materialidade do vidro e os valores simbólicos de abertura e transparência não faz sentido e parece muito mais ligada à imagem de uma arquitetura espetacular e brilhante do que a uma instituição criada para satisfazer as necessidades das pessoas. Esta associação de um elemento físico a um valor simbólico foi explorada noutros projectos do mesmo gabinete, como a nova Câmara Municipal de Buenos Aires, uma caixa de vidro coberta por uma superfície ondulante de betão onde "os espaços abertos de atividade são naturalmente iluminados e visíveis. O novo edifício da Câmara Municipal de Buenos Aires é uma caixa de vidro coberta por uma superfície de betão ondulado onde "os espaços abertos de atividade são naturalmente iluminados e visíveis, assegurando uma boa comunicação entre departamentos e promovendo um sentido de comunidade". Do mesmo modo, a sede do MOdA da Ordem dos Advogados de Paris é gerida por Renzo Piano, outro colega de Richard Rogers. Atividade, e as suas idas e vindas serão claramente visíveis a partir da sua fachada". O Tribunal dos Estados Unidos em Phoenix, concebido por Richard Meier & Partners, é outro exemplo desta analogia: uma grande caixa de vidro coberta por um telhado. É constituída por treliças de aço suportadas por colunas muito estreitas. No centro da planta encontra-se um átrio - um espaço muito luminoso que proporciona clareza e visibilidade em todas as direcções. O Tribunal de Paris, em França, outro projeto de Piano, é uma torre de volumes de vidro empilhados e, apesar da escala maior que é difícil de perceber pelas pessoas, os arquitectos sublinham que "o vasto complexo é totalmente visível do exterior através de um espaço exterior". A fachada de vidro claro e transparente reforça a mensagem de transparência e facilidade de navegação do edifício". Estratégias semelhantes podem ser vistas na extensão do tribunal em León, Espanha, por Enrique Bardají & Asociados. na Câmara Municipal de Westland em Naaldwijk, Holanda, desenhada pelo architectenbureau cepezed. e no Tribunal de Justiça Queen Elizabeth II em Queensland, Austrália, pelo Architect + Guymer Bailey Architects. Este último "afasta-se da conceção tradicional das salas de audiências e proporciona espaços abertos, acessíveis e transparentes, concebidos para exprimir os valores que estão no centro do nosso modo de vida democrático, incluindo a justiça e a abertura". Os edifícios de arquitetura clássica, com ou sem proteção solar, cobertos pelas mais diversas estruturas, constituem um novo arquétipo para as instituições e edifícios públicos. A solidez e a opacidade dos edifícios clássicos, que durante anos serviram o Estado não só de forma funcional mas também simbólica, foram submetidas a uma radiografia no século XX, deixando apenas a imagem de um esqueleto estrutural com luz e claridade. O envelope de valores palpável por detrás desta tradução indica um maior compromisso destas instituições com a democracia e o povo, mas muitos exemplos bem conhecidos mostram que esta solidariedade pode ser questionável ou mesmo descuidada. Então, porque é que os arquitectos continuam a desenhar estes edifícios? Será por um interesse pelas antigas virtudes da transparência ou por uma esperança ingénua de que pareçam apenas transparentes? Uma arquitetura transparente e nublada, que não revela claramente o que se passa no seu interior, talvez simbolize melhor o cenário político. ser atual Num momento tão desafiante para a democracia e os direitos humanos, não há dúvida de que os edifícios transparentes podem ser abrigos para governos autoritários, opacos e fascistas. No mundo da arquitetura e da construção, a conceção e implementação da fachada de vidro do edifício é considerada como um dos métodos mais atractivos e inovadores de conceção e construção. Este processo de zero a cem, desde o desenho inicial até à execução pormenorizada por artistas, tem um impacto no exterior dos edifícios. A utilização do vidro nas fachadas atrai a luz natural para os espaços e cria uma sensação de espaço aberto e variado. A conceção da fachada de vidro não é apenas uma ferramenta para melhorar a energia e utilizar a luz ambiente, mas também deve prestar atenção e utilizar efeitos artísticos. Vamos examinar os tipos de fachada de vidro do edifício, as suas vantagens e desvantagens, conceção, implementação e preço. A fachada de vidro do edifício é geralmente um elemento arquitetónico contemporâneo que inclui a utilização extensiva de painéis de vidro no exterior do edifício. Esta abordagem de conceção inovadora, procura criar uma integração perfeita do interior e do exterior, estética, proporcionando simultaneamente benefícios práticos. A fachada de vidro actua como uma cobertura transparente e permite que a luz natural abundante penetre nos espaços interiores, criando uma sensação de abertura e reforçando a relação com o ambiente. A sua aparência elegante e moderna acrescenta um toque de complexidade aos projectos arquitectónicos, criando estruturas visuais impressionantes. A utilização de tecnologias de vidro avançadas não só proporciona isolamento térmico e eficiência energética, como também contribui para práticas de construção sustentáveis. Um dos principais benefícios da fachada de vidro é a sua capacidade de mostrar o interior do edifício, proporcionando vistas panorâmicas e convidando os ocupantes a interagir com o ambiente exterior. Para além disso, proporciona uma tela dinâmica para a expressão criativa através do jogo de luz, dos reflexos e da transparência. Diferentes tipos de fachadas de vidro respondem a diferentes prioridades arquitectónicas e requisitos funcionais. Eis alguns tipos comuns: fachada de vidro para fachada cortina, fachada de vidro em aranha, fachada de vidro para clarabóias, corrimão de vidro, divisória de vidro, varanda de vidro. As fachadas de vidro maximizam a luz natural, o espaço Cria um interior bem iluminado e reduz a necessidade de iluminação artificial. A utilização da fachada de vidro do edifício proporciona um aspeto elegante e contemporâneo e realça a beleza geral do edifício. Flexibilidade de conceção com diferentes tipos de vidro, cores e padrões. Prever. Utilize janelas ou aberturas de ventilação para criar um ambiente interior mais saudável. O vidro tende a absorver o calor, o que pode levar a um aumento do consumo de energia dos sistemas de refrigeração, especialmente em climas quentes. Isto pode levar a facturas de energia mais elevadas e a um maior impacto ambiental. O vidro não é um bom isolante e os vidros de parede simples podem ter um fraco desempenho térmico. Isto pode levar à perda de calor nas estações mais frias e ao ganho de calor nas estações mais quentes, afectando a eficiência energética global do edifício. As fachadas de vidro dos edifícios requerem limpeza e manutenção regulares para manterem um aspeto esteticamente agradável. . A transparência do vidro torna a sujidade, o pó e as manchas de água mais visíveis e estes elementos destroem o aspeto do edifício ao longo do tempo. O vidro é relativamente frágil em comparação com outros materiais de construção. É propenso a quebrar-se devido a impactos, condições climatéricas extremas ou outros factores externos. Isto pode criar problemas de segurança e pode exigir reparações ou substituições dispendiosas. A conceção e implementação de fachadas de vidro envolve uma cuidadosa consideração da estética, do desempenho e dos desafios práticos. As fachadas de vidro são escolhidas pela sua capacidade de introduzir luz natural, criar um aspeto moderno e proporcionar vistas panorâmicas. No entanto, os desafios incluem a absorção de calor, problemas de isolamento e requisitos de manutenção. Os arquitectos devem ponderar os benefícios da utilização deste tipo de fachada com as preocupações de privacidade. Além disso, a fragilidade do vidro requer um planeamento cuidadoso para garantir a segurança e a durabilidade. Para além disso, o custo do vidro de alta qualidade e energeticamente eficiente e o impacto ambiental da produção devem ser tidos em conta na decisão. Em última análise, a implementação bem sucedida de uma grande fachada de vidro envolve a colaboração entre arquitectos, engenheiros e equipas de construção para enfrentar este desafio e criar uma fachada de vidro impressionante, mas prática, que melhore o design e o desempenho geral do edifício. A implementação da fachada de vidro requer atenção a vários pontos práticos chave que iremos discutir mais adiante. Um vidro de alta qualidade e Escolha um vidro energeticamente eficiente que cumpra as normas de desempenho. Para otimizar a eficiência energética, considere factores como o ganho de calor solar, o fator U e a transmissão de luz visível. Para garantir que o edifício possa suportar o peso e as cargas de vento associadas à fachada de vidro, realize uma análise estrutural completa. Implementar medidas eficazes de proteção contra as intempéries para evitar fugas de água e infiltrações de ar. A vedação adequada, as juntas e os detalhes são essenciais para manter a integridade da fachada. Contrate profissionais experientes para o processo de instalação. A instalação adequada é muito importante para a segurança e a longevidade da fachada de vidro. Siga as instruções do fabricante e as melhores práticas de arquitetura. Implemente caraterísticas de segurança para reduzir o risco de quebra. Para aumentar a durabilidade e a segurança, considere o vidro laminado ou temperado. Criar um plano de manutenção para inspeções e reparos regulares. Determinar o custo da instalação de uma fachada de vidro requer a consulta de profissionais que possam fornecer uma análise abrangente. Os profissionais, incluindo arquitectos, engenheiros e empreiteiros, consideram vários factores, tais como o tipo de vidro, os requisitos, as considerações estruturais e de eficiência energética. O custo é afetado pela qualidade do vidro escolhido, pela complexidade do design e pela necessidade de caraterísticas adicionais, como a rutura térmica ou o controlo do encandeamento. Trabalhar com especialistas ajuda a compreender os códigos de construção locais, as licenças e os requisitos legais. O trabalho com especialistas ajuda a entender os códigos de construção locais, licenças e requisitos legais, que podem afetar o custo total do projeto. Embora o investimento inicial em materiais de alta qualidade e aconselhamento especializado possa ser relativamente elevado, compensa frequentemente através de poupanças de energia a longo prazo, durabilidade e um resultado bonito e agradável. O planeamento adequado e a consulta de especialistas garantem uma estimativa precisa que satisfaz tanto as restrições orçamentais como os resultados desejados do projeto. A escolha do vidro afecta significativamente o custo. Vidros de alto desempenho e eficiência energética, ou vidros especiais com caraterísticas como revestimentos de baixa emissividade ou proteção UV, são mais caros do que as opções padrão. Projetos complexos podem exigir fabricação personalizada, resultando em custos mais altos. A complexidade arquitetónica da fachada, incluindo curvas, ângulos e formas únicas, pode afetar os custos de construção. O sistema de suporte estrutural necessário para suportar as cargas do vento e suportar o vidro afecta os custos. Elementos estruturais adicionais, como caixilhos ou reforços especiais, podem aumentar os custos. A complexidade da instalação de fachadas de vidro, incluindo desafios de acesso, alturas ou processos de instalação complexos, pode aumentar os custos de mão de obra e os custos. A fachada de vidro como elemento arquitetónico exemplifica a integração da função e da estética e redefine a forma como os edifícios interagem com os seus contextos. Dos arranha-céus às residências contemporâneas, a versatilidade das fachadas de vidro continua a moldar a paisagem da arquitetura moderna e a criar estruturas visuais atractivas que são prova de inovação e excelência de design. No mundo atual do design de interiores, não há limites para a utilização de vários materiais. Assim, recentemente, a utilização de tijolos de vidro como material para pavimentos tornou-se popular. Ao combinar este elemento no design do pavimento, os arquitectos criam um estilo único e atraente. Na Wissam Glass, fornecemos todos os tipos de blocos de vidro para os seus edifícios modernos e contemporâneos. A seguir, examinaremos as vantagens da utilização de tijolos de vidro para o pavimento. Este material tem muitas vantagens para a conceção de projectos de construção, algumas das quais analisaremos a seguir:

Transmissão de luz natural e eficiência energética: graças a este material transparente, a luz natural penetra nos níveis inferiores e ilumina o espaço. Como resultado, a utilização de equipamentos de iluminação e, consequentemente, os custos de energia são reduzidos. Isolamento acústico: a utilização de tijolos de vidro no pavimento permite reduzir a transmissão do ruído entre os pisos. Alta durabilidade e fácil manutenção: os blocos de vidro têm alta resistência e durabilidade e são uma excelente opção para áreas de alto tráfego. Ao mesmo tempo, são fáceis de limpar e resistentes a manchas e arranhões. Diversas aplicações: esses materiais são utilizados em diversos ambientes, como prédios residenciais, comerciais e industriais. Naturalmente, o uso do tijolo de vidro não se limita ao chão. Por exemplo, instalar um tijolo de vidro no teto é uma das formas inovadoras de dar charme ao design de interiores. Possibilidade de personalização: Os tijolos de vidro podem ser produzidos em diferentes formas, tamanhos e cores para atender a exigências específicas de design. Esses blocos vêm em uma variedade de estruturas e especificações, incluindo:Bloco de vidro oco: O bloco de vidro oco é o modelo mais comum que, além de passar a luz, também tem um bom desempenho como isolamento.Bloco de vidro sólido: estrutura integrada e alta resistência contra carga são as vantagens mais importantes desses blocos.Bloco de vidro fosco: A textura irregular e os padrões na superfície dos blocos foscos criam uma boa privacidade e são úteis para

31

espaços como as casas de banho. A invenção do vidro criou uma enorme mudança na arquitetura mundial. De tal forma que, atualmente, as cidades do mundo devem a sua beleza a este grande desenvolvimento na indústria de produção. O vidro é produzido através do aquecimento e arrefecimento de uma combinação de areia, carbonato de sódio e cal. A história da produção e utilização do vidro remonta a mais de 4 mil anos atrás. Mas foi quase 2.000 anos após a sua descoberta que surgiu a utilização do vidro em janelas. O método de produção de vidro pelo método do vento permitiu a criação de vidro fino para janelas, que era produzido em peças rectangulares com dimensões até 400 x 300 mm em placas circulares. A partir da descoberta deste método, os venezianos descobriram o método cilíndrico, que foi utilizado para produzir vidro durante cerca de 800 anos. Neste método, o vidro era soprado num cilindro oco, cortado longitudinalmente e depois alisado e polido. Com este método, produziam-se folhas maiores, mas o reaquecimento e o alisamento do vidro provocavam danos na superfície do vidro. No entanto, com o avanço da tecnologia, foram inventados métodos para produzir vidro que funciona em edifícios. O vidro era utilizado como um elemento natural e necessário nas grandes igrejas do Norte da Europa, o que se manteve até ao final do primeiro milénio d.C. Com a mudança do estilo arquitetónico de romano para gótico, a utilização do vidro no mundo da arquitetura encontrou o seu lugar para sempre. A arquitetura de estilo gótico no Norte da Europa pode ser considerada o primeiro período da arquitetura em vidro. As partes móveis das grandes muralhas de pedra permitiram aos arquitectos criar obras impressionantes na história. O vidro encontrou o seu lugar na arquitetura por si só e, gradualmente, foi possível ver vidro muito bonito na arquitetura dos edifícios. A arquitetura de estilo gótico foi criada com o objetivo de procurar a luz, o brilho, a leveza e a ausência de peso. As janelas utilizadas no estilo gótico eram geralmente pintadas e decoradas com vidro colorido por artistas. No final do século XVI, a utilização do vidro era considerada um símbolo de riqueza e luxo em Inglaterra. O vidro era um material muito caro e, por isso, a sua utilização no edifício e, por vezes, mesmo a sua utilização em vez da parede, era uma demonstração de riqueza. Deste modo, as formas não convencionais de utilização do vidro tornaram-se populares em Inglaterra. Foi na primeira metade do século XIX que se criaram centros de arte e assim nasceu uma nova linguagem na arquitetura, janelas por onde a luz pode passar fácil e abundantemente e arquitetura a partir dela. O modo tradicional foi afastado e o vidro encontrou o seu verdadeiro lugar e aplicação. Na sequência da revolução industrial na Grã-Bretanha e paralelamente à utilização do ferro nos edifícios, foram implementados projectos como o Palácio de Cristal de Paxton. Aplicando os seus conhecimentos de design tradicional, utilizando o vidro e cortando-o de uma forma rápida e extraordinária, Paxton criou maravilhas em Criou uma nova arquitetura. O início do século XX é efetivamente designado como a era do espaço e do tempo, a era da estética do movimento, da variabilidade e da excitação da máquina. Paul Shebart escreve no seu livro Glass Architecture in 1914:

"... passámos a maior parte da nossa vida em salas fechadas. Esta é a cultura com que crescemos e a que nos habituámos. O nosso estilo arquitetónico foi largamente influenciado pela nossa cultura. Se quisermos mudar a nossa cultura, temos inevitavelmente de mudar o nosso estilo arquitetónico, e isso só pode ser conseguido saindo das salas fechadas e mudando-as. Com a introdução da arquitetura em vidro, o caminho para a luz natural do sol, da lua e das estrelas não se faz apenas através de uma pequena janela, mas através das paredes. É feito apenas de vidro, e é feito de vidro colorido. Assim, o novo ambiente que criámos traz consigo uma nova cultura". Foi a utilização óptima do vidro e a utilização da sua transparência e luminosidade no futuro da arquitetura. Naturalmente, o vidro é parte integrante das obras de grandes arquitectos como Mies van der Rohe, Le Corbusier e Frank Lewd. Durante a primeira metade do século XX, devido ao desenvolvimento da indústria e da tecnologia, surgiram melhorias e melhorias na estrutura das obras de vidro e, finalmente, no início da década de 1950, uma melhoria Foi alcançado na indústria de produção de vidro, que continua até hoje. Alistair Pilkington inventou o método de flutuação do vidro fundido na superfície do metal fundido, que hoje é referido como o processo de flutuação. Com este método, são produzidas folhas de vidro completamente lisas, que é o método dominante na produção de vidro em todo o mundo atualmente. O vidro é utilizado de diferentes formas: no fabrico de acessórios decorativos, como flores, painéis, etc., no fabrico de recipientes de laboratório ou utensílios de cozinha, como copos, garrafas, etc. E na construção civil é a janela, que existe em diferentes formas, incluindo vidro transparente, semi-transparente e colorido, absorvente de calor, de segurança, com vidro duplo, temperado, etc. Também no fabrico de espelhos, nas indústrias à prova de estilhaços, nas indústrias de frigoríficos, nas mesas de vidro, em todos os tipos de vidro de mesa e é utilizado na construção de lâminas de construção. O vidro colorido pode ser obtido de duas formas: 1. Adicionando e subtraindo alguns produtos químicos nas matérias-primas para a produção de vidro. Por exemplo, os óxidos de cobre dão diferentes cores vermelhas ao vidro, e a cor azul profunda é obtida pelo óxido de cobalto. A cor amarela é obtida através da adição de urânio e óxido de cádmio. 2. O vidro branco é mergulhado em vidro fundido colorido de modo a que ambos os lados fiquem coloridos. Os vidros coloridos são utilizados em montras de lojas, exposições, laboratórios e edifícios industriais. Para além das matérias-primas, estes vidros são altamente resistentes ao calor, é utilizada uma grande quantidade de óxido bórico e a sua sílica é superior à dos vidros comuns. São geralmente utilizados como utensílios de laboratório e de cozinha ou em frente de aquecedores de parede e fornos. Este tipo de vidro é fabricado através da adição de uma rede metálica no meio do vidro e é utilizado principalmente em portas de entrada, oficinas, casas de máquinas, elevadores e em qualquer lugar onde exista o risco de quebra e de colapso do vidro. Estes tipos de vidros são constituídos por duas camadas simples e por vezes coloridas, colocadas paralelamente uma à outra, cujas bordas ou costuras são seladas e o espaço entre elas é preenchido com dessecantes, como gel de sílica, ou, nalguns casos, é criado um vácuo entre as duas camadas. Este tipo de vidro, que isola o calor, o frio e o som, é utilizado em muitos edifícios, como aeroportos, hotéis e hospitais. Neste caso, o vidro é novamente aquecido a cerca de 700 graus Celsius e depois arrefece subitamente e em condições especiais. Esta ação aumenta a resistência do vidro (cerca de 3 a 5 vezes) contra choques térmicos e de impacto. Quando estes vidros se partem, dividem-se em pequenas partículas em forma de cubo, que não são nocivas. Este tipo de vidro é constituído por duas ou mais camadas de vidro que são ligadas por folhas de nylon transparente sob calor e pressão. Além disso, alguns tipos de vidro temperado são utilizados como isolamento acústico, absorvedor de calor, redutor de transparência e vidro de segurança. Quando estes vidros se partem, a elasticidade do nylon impede o espalhamento e a dispersão das partículas de vidro. Entre as aplicações deste tipo de vidro estão os automóveis e as montras de lojas que vendem artigos caros. O vidro de proteção pode ser feito de vidro temperado. O vidro à prova de bala é feito de várias camadas de vidro temperado ou inquebrável. Quando a bala entra

no vidro, a sua força é reduzida e pára no meio do vidro. Neste tipo de vidro, uma

superfície do vidro é coberta com um revestimento refletor de luz e calor feito de

metal ou óxido metálico com esta propriedade. Estes tipos de vidro reflectem a luz

solar e são eficazes na redução do calor e do brilho da luz. Se olharmos para o

vidro refletor do exterior à luz do dia, veremos que reflecte as imagens

circundantes como um espelho e, se olharmos do interior para o exterior, o vidro

será completamente transparente. À noite, o fenómeno mencionado é o oposto.

Isto significa que o vidro é transparente do lado de fora e como um espelho do

lado de dentro. Ao refletir a luz solar, este vidro reduz significativamente o calor

causado pela luz solar e, consequentemente, poupa os custos de construção,

instalação e manutenção dos sistemas de ventilação e conversão. A parede cortina

ou fachada cortina é um tipo de fachadas secas que são criadas a partir de sistemas

separados, o que significa que neste método de implementação, a menor carga

morta é introduzida na estrutura principal do edifício. Devido à execução

mecânica da fachada de vidro, este tipo de fachada de edifício tem uma

velocidade de execução elevada, razão pela qual as fachadas de vidro têm muitos

adeptos entre os empregadores e os projectistas. A conceção e execução de

fachadas de vidro tem muitas vantagens. O facto de conhecer estas vantagens

pode ser de grande ajuda na escolha do tipo de fachada do seu edifício. Entre as

fachadas de vidro mais utilizadas e populares entre os empregadores e

projectistas, podemos mencionar a fachada cortina, este tipo de fachada de

edifício devido à carga morta A pequena quantidade que é adicionada à estrutura

principal da fachada tem alta resistência e durabilidade e pode ser usada em

muitos edifícios altos e baixos. A fachada cortina é feita de lamelas de alumínio (perfis de alumínio) e vidro. Verifica-se que as lamelas desempenham um papel de suporte na estrutura executiva e, no final, o vidro é colocado entre as lamelas.

1. Aumentar o aproveitamento da luz natural: Devido à fachada de vidro da fachada cortina, mais luz natural entra no interior do edifício. 2. Reduzir a carga morta: a estrutura principal da fachada da parede cortina é autónoma e introduz uma pequena carga morta na estrutura principal do edifício. 3. Menor perda de energia: Devido ao facto de este tipo de fachada ser feita de vidro, tem menos perdas de energia eléctrica durante o dia. 4. Aumento da velocidade de execução: a fachada de parede cortina é considerada uma fachada seca, razão pela qual este tipo de fachada de edifício tem uma velocidade de execução elevada. 5. Isolamento térmico: Neste tipo de fachada de edifício, é possível utilizar isolamento térmico. 6. Redução dos custos de manutenção após a construção: Devido aos componentes de vidro da fachada de parede cortina, o seu custo de manutenção é baixo. 7. Resistência aos terramotos: Devido à baixa carga morta, este tipo de fachada de edifício tem alta resistência a terramotos. 8. Prevenção da penetração de água: Este tipo de fachada de edifício tem um bom isolamento contra a penetração de água e, se a impermeabilização for feita corretamente, terá a melhor qualidade.

9. Instalação cómoda de aberturas: na fachada de fachada cortina, é possível utilizar aberturas para o ar condicionado no interior do edifício. 10. A possibilidade de implementação com diferentes tipos de vidro: este tipo de fachada de vidro pode ser utilizado na forma opaca, colorida, nano e transparente na fachada do edifício. O design da fachada do edifício deve estar de acordo com o gosto e o orçamento do cliente, também para um design ótimo em Antes de iniciar o design do edifício, devem ser enviadas pessoas para recolher e

determinar a localização do local do projeto, para que o design da fachada seja adequado à localização geográfica, ao clima predominante do local do projeto, ao tipo de solo, etc. O projeto será concluído e a fachada terá mais resistência e durabilidade. Atualmente, a conceção e a aplicação de fachadas de vidro nas fachadas dos edifícios são as mais utilizadas e populares, porque a conceção e a aplicação deste tipo de fachada de edifício podem ser combinadas com outros materiais de construção, como o tijolo, a pedra, o compósito, etc. Além disso, este tipo de fachada pode ser utilizado como um único material. A utilização deste tipo de fachada de edifício tem grandes vantagens, por exemplo, a resistência da asa, a elevada velocidade de execução, o elevado raio de visibilidade, etc. Além disso, a fachada de vidro pode ser utilizada em muitos edifícios com diferentes utilizações, entre as quais se podem mencionar as seguintes utilizações de fachadas de vidro: edifícios residenciais, edifícios de escritórios, edifícios comerciais, edifícios de vivendas, edifícios de ensino. A fachada de vidro pode ser concebida e executada de 4 formas diferentes, que mencionamos de seguida. Fachada de vidro de parede cortina/Fachada de vidro de aranha/Corrimão de vidro/Fachada de vidro de claraboia. A fachada de vidro é uma das mais comuns e pode ser designada por fachada de parede cortina. Entre as empresas que possuem competências especiais na conceção e execução de fachadas de vidro e que têm muitos exemplos de trabalho neste domínio, podemos mencionar a Nama Design Company. O sistema executivo das fachadas de vidro. Trata-se de um sistema mecânico, que ganhou um lugar especial na era da modernidade, também a execução deste tipo de fachada de edifício tem ciência de engenharia avançada e requer cálculos exactos, pois caso contrário pode provocar a existência de danos irreparáveis. O tempo da descoberta e fabrico do vidro é tão longo como o início da civilização humana. Os humanos foram os primeiros a usar pedras vulcânicas para fazer o primeiro tipo de vidro. A lava e a pedra de combate a incêndios são os primeiros sinais da familiaridade do homem com o vidro. A sílica de aspeto cristalino foi utilizada como o primeiro material para o fabrico dos primeiros vidros. É possível que, na história antiga, os fenícios tenham sido a primeira civilização a conseguir produzir vidro verdadeiro e que, depois deles, as civilizações egípcia e iraniana tenham conseguido utilizar este material sob diversas formas no fabrico de utensílios e recipientes. A expansão da utilização do terceiro vidro levou à disseminação do material pelos seus territórios. Em 2000, Alexandria, no Egito, era conhecida como um dos principais centros de produção de vidro em todo o continente europeu. A utilização de vidro colorido na construção de igrejas era um sinal do estatuto especial destes locais. Nos séculos XIV e XV, desenvolveu-se a produção de vidro de grandes dimensões, sendo este produto utilizado na construção de grandes portas e janelas para igrejas. Com as guerras entre o mundo árabe e as Cruzadas, a produção de vidro desenvolveu-se na cidade de Veneza. No passado, devido às difíceis etapas de produção do vidro e à sua escassez, este material era utilizado como material de luxo e decorativo. A origem e o fabrico do vidro na construção civil No início, pessoas importantes, como reis e pessoas ricas, utilizavam-no nos componentes dos seus edifícios e construções para mostrar a sua riqueza e poder. Com o aparecimento da era industrial e da revolução industrial no Ocidente, o vidro passou a ser utilizado na construção de edifícios. Exemplos da utilização do vidro em edifícios incluem varandas de vidro, fachadas de vidro e casas de banho de vidro. Ao olharmos para a história passada do homem, podemos ver evidências claras do modo de vida e do processo de criação das invenções humanas. A história da invenção do vidro é a história da realização de importantes descobertas no decurso da vida humana. Não se sabe exatamente por quem e em que data o vidro foi inventado, mas podemos verificar o processo de invenção do vidro ao longo da história desde que esta se formou, e podemos aprender sobre o progresso do fabrico do vidro. A arte do fabrico do vidro remonta a um passado muito distante. Era utilizada no fabrico de objectos decorativos e funcionais. De facto, o fabrico do vidro é um método que permite transformar a forma do material de vidro em formas variadas e belas. O fabrico do vidro começa por aquecer o vidro em bruto e, depois de este se transformar num líquido pastoso, utiliza ferramentas. E os tubos especiais que o compõem mudam de forma através do sopro de ar e da circulação contínua para criar belos produtos de vidro. Com as descobertas feitas, o mais antigo artesanato em vidro foi descoberto no Médio Oriente. No ano antes de Cristo, o povo da Suméria estava familiarizado com a arte do fabrico do vidro. Na história do fabrico do vidro, este material é utilizado pela primeira vez para fabricar objectos decorativos. Em 1570, em Inglaterra, os artesãos vidreiros fabricam janelas de vidro. Em 1600, a primeira unidade industrial de produção de vidro foi estabelecida nos Estados Unidos da América. Com o progresso da era industrial, o vidro passou a ser outro bem comum, exceto no edifício principal. Em 1608, foi fabricado vidro para óculos, as garrafas de vidro tornaram-se populares. A produção automática de garrafas de vidro foi feita por Michael Wallaz na América. O vidro sofreu mudanças e transformações no processo de fabrico em diferentes épocas históricas, e os ingredientes do vidro mudaram ao longo do caminho, que examinaremos a seguir. Na história antiga, os povos da Mesopotâmia eram os mais habilidosos fabricantes de vidro. Na Assíria e na Suméria, a arte do fabrico do vidro registou grandes progressos. O método de fabrico e os materiais utilizados para fabricar vidro na Mesopotâmia eram muito diferentes do vidro produzido no Egito, de acordo com as investigações dos arqueólogos. Verificou-se que existia vidro no Irão e no Khuzistão no século XIII a.C. Durante o domínio dos selêucidas, os fenícios, de acordo com a investigação, este fabrico de vidro difundiu-se na Jordânia durante o período parta. Os selêucidas utilizavam o vidro para fabricar recipientes. Durante o período safávida, Shah Abbas I esculpiu uma cor para fazer jóias, mas não teve muito sucesso na fabricação de vidro, com sua aparência transparente, levou ao desenvolvimento de projetos de construção, porque no passado, a produção de vidro era muito limitada, e esse material era usado apenas para Foi usado para decorar edifícios importantes de pessoas poderosas. A história do vidro na arquitetura moderna mostra a melhoria do estilo de design e a sua implementação, que em todos os edifícios de escritórios e comerciais melhora a iluminação do ambiente e cria uma sensação de segurança e paz. utilizava um isolamento térmico e acústico adequado, que é designado por vidro com várias vidraças A utilização do vidro começou na Idade Média, o vidro colorido era menos utilizado na fachada do edifício, e o vidro era utilizado para decoração de interiores no século No século XIX e no estilo gótico da arquitetura, com a redução do custo de fabrico do vidro colorido, tornou-se mais fácil a sua utilização para o título. 2006 No início, era utilizado para o fabrico de recipientes e ornamentos decorativos, mas com a sua produção em massa e a redução do preço do vidro, tornou-se popular para o público em geral. No século XX e com o progresso de várias indústrias, nomeadamente a vidreira e a produção de vidros mais resistentes, como o vidro temperado e o vidro laminado, aumentou a sua utilização em edifícios e estruturas de grande altura, a descoberta de novas propriedades do vidro a partir deste material na produção de vários tipos de lentes para câmaras fotográficas e lentes de telescópio. O vidro entrou no território dos Timúridas sob a forma de recipientes de vidro da civilização Darbi em 1500 d.C. e, desde então, tem sido utilizado na construção de vários edifícios no Irão. No período da arquitetura islâmica, o vidro era utilizado para decorar edifícios religiosos, como mesquitas, com a familiaridade das pessoas no Irão, era também utilizado em edifícios privados e casas. O principal material para a produção de vidro é o dióxido de silício ou, abreviadamente, sílica. Este material é considerado para casos especiais. Os principais materiais para a produção de vidro são: calcário, alumina, óxido de magnésio, carbonato de sódio. O vidro de cal é produzido a partir da combinação dos materiais mencionados e é o tipo de vidro mais comum. A etiqueta das propriedades moleculares do vidro, a indústria produz vidros com a capacidade de serem inquebráveis, a coleção Ekat é um dos produtos de vidro mais antigos, utilizando matérias-primas de alta qualidade para atrair a confiança de muitos compradores. É uma pessoa que mencionamos pela ordem que se segue: A caraterística mais importante do vidro é a sua transparência. A possibilidade de quebrar a luz separadamente. A plasticidade do vidro durante o fabrico. A possibilidade de produzir vidro com diferentes cores de iões eléctricos. Uma das mudanças mais importantes que ocorreram durante a modernização e a revolução industrial na arquitetura de todo o mundo foi a mudança nos materiais de construção de casas e edifícios. Embora no passado se utilizassem materiais naturais, como a pedra e a madeira, para a construção de edifícios, na arquitetura moderna e moderna é utilizado um material novo e popular, o vidro. Esta questão provocou uma enorme mudança na arquitetura mundial. Como resultado, o vidro e os edifícios de vidro são muito importantes na indústria da arquitetura, que encontrou muitos fãs entre as pessoas e os arquitectos de hoje. Os edifícios emblemáticos que utilizam material de vidro para a sua construção e design de fachada têm um grande impacto na introdução da arquitetura moderna a todos. pessoas e também atraem mais arquitectos para utilizar o vidro nos seus projectos. Neste artigo, vamos apresentar-lhe os edifícios mais famosos e proeminentes que foram construídos com arquitetura moderna e utilizando material de vidro. Esta famosa casa, que é considerada uma das melhores obras de arquitetura do século XX, é obra do famoso arquiteto Mies van der Rohe. Foi projectada e executada entre 1945 e 1951. Este edifício foi concebido como uma residência de fim de semana. O conceito de Mies VanDrohe para a conceção desta residência de fim de semana é a forte ligação entre a casa e a natureza. Como resultado, este projeto foi construído num terreno nos arredores de Chicago com dimensões de cerca de 4 hectares numa área florestal. A utilização de material de vidro neste edifício criou uma forte ligação entre a casa e a natureza circundante. A casa Farnsworth é constituída por 8 colunas de aço com uma secção I construída, que para além do papel de estrutura do edifício, desempenha também o papel de embelezamento da fachada. Entre cada uma destas colunas, existem janelas do chão ao teto que ligam o espaço florestal do exterior ao interior. Considerando que todo o edifício é feito de vidro, o arquiteto deste projeto concebeu esta obra para criar privacidade e solidão para os residentes deste projeto. Está situada num local completamente privado e entre as árvores. Esta casa, que é influenciada pela casa Farnsworth, é considerada uma das primeiras obras-primas da arquitetura moderna com a utilização de proporções corretas e perfeitas e a máxima simplicidade e a utilização do vidro no edifício. Este projeto foi concebido e executado em 1949 pelo gabinete de arquitetura de Philip Johnson em New Canon, na América. Tal como referido nos exemplos de edifícios de vidro acima mencionados, a utilização de fachadas de vidro no projeto tem muitas vantagens, nomeadamente: o aproveitamento da luz natural, o aproveitamento da paisagem envolvente, o embelezamento do espaço interior com uma vista ampla do exterior da casa e... Para além destas vantagens, dá também um aspeto bonito e moderno ao seu edifício e projeto, que tem muitos adeptos hoje em dia. No entanto, a utilização do vidro não é apenas para o design do exterior do edifício, mas também na arquitetura moderna na decoração interior das portas de vidro. A divisória de vidro e a vedação de vidro são utilizadas para criar um espaço moderno e único para si. Um dos tipos de vidro decorativo que está atualmente disponível no mercado e que tem conseguido atrair a opinião de muitos utilizadores é o vidro transparente. A transparência do vidro é respeitada neste produto e, ao mesmo tempo, é produzido em diferentes cores para que os utilizadores possam utilizar diferentes tipos de vidro transparente de acordo com o seu gosto e tipo de aplicação. Quando o vidro colorido é exposto à luz solar, as suas cores combinam-se umas com as outras, o que faz com que o interior fique colorido. Muitas pessoas que se interessam pelo jogo das cores, tentam decorar o seu ambiente de forma bonita com a utilização correta do vidro transparente. Devido ao facto de o vidro ser incolor, muitos designers pensaram em utilizar rótulos coloridos nos mesmos. Mas essas etiquetas faziam com que os vidros deixassem de ser transparentes, o que levou os fabricantes de vidro a produzir o vidro transparente. Transparente significa transparente e é produzido com cores resistentes para ser muito eficaz. Esta série de vidros é produzida em diferentes modelos e é utilizada no interior e no exterior e pode transmitir luz com grande potência. A utilização destes vidros é mais útil nas partes exteriores do edifício. Também pode ser utilizado para projetar as partes interiores do edifício, como as clarabóias. Estes vidros permitem a passagem da luz e podem ser utilizados também na fachada do edifício. Por outro lado, o vidro colorido transparente não é apenas um vidro ideal para proteger os móveis, mas é também uma excelente ferramenta de proteção para a sua saúde. Este tipo de vidro reduz o efeito dos raios ultravioleta numa grande percentagem, pelo que obtém uma proteção básica e adequada ao instalar estes vidros. Protege a sua família e os seus empregados. Se precisa de privacidade enquanto o vidro é transparente, o vidro transparente colorido é a solução certa para si. Além disso, estes vidros podem ser utilizados em espaços de escritório, onde parâmetros como a discrição e a confidencialidade são muito importantes. Atualmente, são produzidos dois tipos de vidro colorido em diferentes fábricas. Estes dois tipos são o vidro colorido Lakobel e o vidro colorido transparente, que neste artigo pretendemos apresentar ao vidro transparente. Vidro transparente: o vidro transparente colorido, que também é designado por vidro colorido ou vidro transparente colorido. É um tipo de vidro transparente que é criado para ter uma determinada cor. No processo de produção do vidro transparente, este é fabricado através da adição de óxidos metálicos ou outros pigmentos ao vidro. É utilizado em janelas, fachadas, para controlar a quantidade de luz que entra no edifício, etc. Vidro Lacobel: É um tipo de vidro colorido que é criado por um revestimento de cor unilateral a alta temperatura. Este revestimento colorido é espalhado na superfície do vidro por tecnologia de alumínio e fixado com calor elevado. O vidro Lacobel pode ser utilizado como pavimento, revestimento de paredes e para todos os tipos de mesas de vidro, entre armários de cozinha, etc. Tudo o que é popular tem definitivamente caraterísticas que o tornam superior aos seus pares. Os vidros coloridos transparentes também são do mesmo género. O vidro transparente colorido é uma boa solução para reduzir os custos de energia, pois este tipo de vidro foi concebido para absorver o calor, reduzindo assim a quantidade de aquecimento na sua casa ou local de trabalho. Por outras palavras, o vidro colorido transparente tem a capacidade de reduzir o brilho e proporcionar uma visão desobstruída quando se olha de dentro para fora. Quando a luz passa através destes vidros, aparecem cores muito bonitas e espectaculares na direção do feixe de luz, o que cria uma vista atraente e aumenta as atracções artísticas do ambiente. A variedade de cores destes óculos é grande e podem ser utilizadas cores amarelas, azuis, verdes, limão, vermelhas, cinzentas, etc. A utilização mais comum destes vidros é em locais que têm um aspeto tradicional e antigo, embora estes vidros também sejam muito utilizados em espaços com estilo. O vidro transparente colorido tem várias utilizações, abaixo mencionamos algumas das utilizações deste tipo de vidro: O vidro transparente colorido pode ser utilizado em janelas e portas de edifícios. Este tipo de vidro pode controlar a luz solar e proporcionar a entrada de luz indireta, podendo também proteger a vista do interior para o exterior e vice-versa.

O vidro transparente colorido pode ser utilizado na decoração interior de espaços. Exemplos disso são o revestimento de paredes, painéis, portas e separação de espaços. Este vidro com cores diferentes pode dar charme e beleza ao espaço. O vidro transparente colorido pode ser utilizado no fabrico de mobiliário e outros equipamentos. Por exemplo, este tipo de vidro pode ser utilizado na construção de mesas, colunas, vitrinas e peças decorativas para dar beleza e resistência aos produtos. O vidro transparente colorido pode ser utilizado em painéis publicitários e exposições. Ao utilizar este tipo de vidro, é possível criar cartazes com cores atractivas e chamativas que atraem a atenção do público. Em geral, o vidro transparente colorido é utilizado como elemento decorativo e prático na indústria da construção, na decoração de interiores e na publicidade. . Atualmente, são produzidos dois tipos de vidro colorido em diferentes fábricas. Estes dois tipos são o vidro colorido Lakobel e o vidro colorido transparente, que neste artigo pretendemos apresentar ao vidro transparente. Vidro transparente: o vidro transparente colorido, que também é designado por vidro colorido ou vidro transparente colorido. É um tipo de vidro transparente que é criado para ter uma determinada cor. No processo de produção do vidro transparente, este é fabricado através da adição de óxidos metálicos ou outros pigmentos ao vidro. É utilizado em janelas, fachadas, para controlar a quantidade de luz que entra no edifício, etc. Vidro Lacobel: É um tipo de vidro colorido que é criado por um revestimento de cor unilateral a alta temperatura. Este revestimento colorido é espalhado na superfície do vidro por tecnologia de alumínio e fixado com calor elevado. O vidro Lacobel pode ser utilizado como pavimento, revestimento de paredes e para todos os tipos de mesas de vidro, entre armários de cozinha, etc. Tudo o que é popular tem definitivamente caraterísticas que o tornam superior aos seus pares. Os vidros coloridos transparentes também são do mesmo género. O vidro transparente colorido é uma boa solução para reduzir os custos de energia, pois este tipo de vidro foi concebido para absorver o calor, reduzindo assim a quantidade de aquecimento na sua casa ou local de trabalho. Por outras palavras, o vidro colorido transparente tem a capacidade de reduzir o brilho e proporcionar uma visão desobstruída quando se olha de dentro para fora. Quando a luz passa através destes vidros, aparecem cores muito bonitas e espectaculares na direção do feixe de luz, o que cria uma vista atraente e aumenta as atracções artísticas do ambiente. A variedade de cores destes óculos é grande e podem ser utilizadas cores amarelas, azuis, verdes, limão, vermelhas, cinzentas, etc. A utilização mais comum destes vidros é em locais que têm um aspeto tradicional e antigo, embora estes vidros também sejam muito utilizados em espaços com estilo. O vidro transparente colorido tem várias utilizações, abaixo mencionamos algumas das utilizações deste tipo de vidro: O vidro transparente colorido pode ser utilizado em janelas e portas de edifícios. Este tipo de vidro pode controlar a luz solar e proporcionar a entrada de luz indireta, pode também proteger a vista do interior para o exterior e vice-versa. Exemplos incluem o revestimento de paredes, painéis, portas e separação de espaços. Este vidro com cores diferentes pode dar charme e beleza ao espaço. O vidro transparente colorido pode ser utilizado no fabrico de mobiliário e outros equipamentos. Por exemplo, este tipo de vidro pode ser utilizado na construção de mesas, colunas, vitrinas e peças decorativas para dar beleza e resistência aos produtos. O vidro transparente colorido pode ser utilizado em painéis publicitários e exposições. Ao utilizar este tipo de vidro, é possível criar cartazes com cores atraentes e chamativas que atraem a atenção do público. Em geral, o vidro transparente colorido é utilizado como elemento decorativo e prático na indústria da construção, na decoração de interiores e na publicidade. A invenção do vidro criou uma enorme mudança na arquitetura mundial. De tal forma que, atualmente, as cidades do mundo devem a sua beleza a esta grande transformação na indústria de produção. O vidro é produzido através do aquecimento e arrefecimento de uma combinação de areia, carbonato de sódio e cal. A história da produção e utilização do vidro remonta a mais de 4 mil anos, mas foi quase 2 mil anos após a sua descoberta que se começou a falar da utilização do vidro em janelas. O método de produção de vidro pelo método do vento permitiu a criação de vidro fino para janelas, que era produzido em peças rectangulares com dimensões máximas de 400 x 300 mm em placas circulares.

Imediatamente após a descoberta deste método, os venezianos descobriram o método do cilindro, que foi utilizado durante cerca de 800 anos. Utilizava-se a produção de vidro. Neste método, o vidro era soprado para um cilindro oco, cortado longitudinalmente e depois alisado e polido. Com este método, produziam-se folhas maiores, mas o reaquecimento e o alisamento do vidro provocavam danos na superfície do vidro. No entanto, com o avanço da tecnologia, foram inventados métodos para produzir vidro que funciona em edifícios. O vidro era utilizado como um elemento natural e necessário nas grandes igrejas do norte da Europa, o que se manteve até ao final do primeiro milénio d.C. Nos últimos anos, o design de interiores dos projectos de escritórios tem sofrido alterações significativas. A maioria das pessoas procura um espaço ativo, animado e cheio de luz natural nos seus escritórios, porque isso cria relaxamento e melhora a produtividade no complexo. Um dos elementos principais e mais importantes para criar um escritório dinâmico e um ambiente de trabalho é a utilização óptima da luz. Deve ser mencionado que a luz natural foi introduzida como o melhor tipo de luz porque não pode ser comparada com qualquer fonte de luz artificial, tanto em termos de consumo de energia como de género. É melhor saber que a eficiência do trabalho do pessoal de um complexo de escritórios que utiliza muita luz natural não é comparável à dos que utilizam luzes artificiais. De certeza que, no primeiro tipo, se assistirá a um enorme aumento da produtividade e do progresso dos funcionários e de todo o grupo. Se quisermos fazer uma breve revisão dos itens para a máxima circulação de luz natural em diferentes espaços, podemos considerar coisas como a utilização de grandes janelas. No espaço exterior do edifício, bem como a remoção de paredes aninhadas no espaço interior até atingir um espaço plano e separar o ambiente interior com divisórias de vidro simples. Devido ao facto de os arquitectos e designers de interiores especializados em espaços de escritórios procurarem proporcionar o máximo de luz natural nos seus projectos de escritórios, e por outro lado, muitos acreditam na criação de espaços privados para criar concentração entre as pessoas de uma organização, criando salas pequenas e grandes. Pode ajudar nesta questão, mas até que ponto a criação destas paredes irá bloquear a luz natural? Na minha opinião, não é possível criar espaços privados, além de usar a luz natural, sem usar divisórias de vidro. A utilização de paredes de vidro permite otimizar a utilização da luz natural em todos os espaços disponíveis, para além do facto de os restantes requisitos de um complexo incluírem a redução do som ao mais alto nível possível (cerca de 70%) e o isolamento térmico e do frio da melhor forma possível. Por outro lado, a utilização de divisórias sem moldura ajuda a aumentar a atratividade e a beleza da decoração interior dos escritórios modernos. A utilização de divisórias de vidro e alumínio criou uma grande revolução no design de interiores dos escritórios. A utilização de divisórias de vidro para separar diferentes espaços de trabalho aumenta a eficiência do trabalho dos empregados. Como sabe, na conceção da decoração de interiores de escritórios, o designer deve lidar com vários itens, incluindo o design básico do escritório com base nas áreas que precisam de concentração e silêncio ou as áreas que precisam de interação e conversas. e, em geral, esse ruído criado no ambiente não afetará seu processo de trabalho, portanto, esses espaços que criam um espaço de trabalho aberto, além de criar espaços privados e relaxantes para o pessoal de um escritório, apenas com o milagre de usar divisórias de escritório O vidro será possível. A troca de energias visuais entre os funcionários de um grupo e a criação de interfaces de utilizador positivas entre os grupos são consideradas as conquistas desta revolução na utilização de divisórias de vidro para escritórios. As divisórias de vidro, ao mesmo tempo que filtram a luz para todas as partes do escritório, parecem oferecer a possibilidade de otimizar o consumo de energia. A separação de grandes espaços em salas de vidro fechadas mais pequenas cria a possibilidade de um arrefecimento mais fácil e de uma circulação de ar mais rápida, bem como a possibilidade de visibilidade visual entre o pessoal, reduz o tráfego excessivo entre eles, o que afecta a circulação do ar interior. A redução do consumo de energia será significativa e, em última análise, reduzirá o consumo de energia. Uma das maiores preocupações dos arquitectos de interiores é criar um espaço completamente privado ao lado de espaços públicos, criando interação entre as pessoas desse complexo. A utilização de divisórias de vidro sem moldura cria uma plataforma adequada para a criação de interação e visibilidade visual adequada entre os funcionários de um complexo, mas a transparência do vidro limita a possibilidade de criar espaços privados, sendo nestes casos utilizada a utilização de películas opacas com vários desenhos. Estas podem ajudar a criar espaços privados e a proteger a privacidade das pessoas em geral. A utilização de películas opacas na parte central do vidro é muito eficaz para limitar a visão periférica e, consequentemente, a possibilidade de criar um espaço privado, e as partes transparentes do vidro são consideradas como espaços de comunicação entre o pessoal e nas partes onde o controlo da visibilidade cria Se a comunicação entre as pessoas for mais importante, a utilização de tapetes na maioria dos vidros resolverá o problema. Para esses espaços, é preferível instalar películas de tapete do chão ao teto no vidro, ou utilizar vidro opaco, como o acetinado. Estes métodos são mais bem-vindos em espaços onde a necessidade de passagem de luz é vital, mas se deixarmos de lado a discussão sobre a quantidade de luzes internas, pode usar vidros Lacobel coloridos ou vários autocolantes para controlar a visibilidade do espaço. Um dos exemplos As divisórias de vidro implementadas estão no complexo de escritórios Vanak, que actua na indústria do petróleo, gás e petroquímica. Como pode ver nas imagens partilhadas abaixo, este escritório apresenta uma decoração interior especializada, especial e bonita. As divisórias de vidro sem moldura desta coleção, que são produzidas e instaladas com perfis de alumínio preto e vidro super transparente, criaram uma atmosfera moderna e diferente. A combinação de preto, cinzento e cor de laranja utilizada em diferentes partes desta coleção inspirou uma sensação de calma e entusiasmo nas pessoas e no pessoal interno.

Referências

Azuma, R.T.: Um estudo sobre a realidade aumentada. Presença: Teleoperadores e ambientes virtuais 6(4), 355-385 (1997)

Bekele, M.K., Pierdicca, R., Frontoni, E., Malinverni, E.S., Gain, J.: Uma pesquisa sobre realidade aumentada, virtual e mista para o património cultural. Jornal sobre Computação e Património Cultural (JOCCH) 11(2), 1-36 (2018)

Chang, Y.J., Liu, H.H., Kang, Y.s., Kao, C.C., Chang, Y.S.: Usando óculos inteligentes de realidade aumentada para projetar jogos para treinamento cognitivo. In: 2016 13th International Conference on Remote Engineering and Virtual Instrumentation (REV). pp. 252- 253. IEEE (2016)

Clini, P., Frontoni, E., Quattrini, R., Pierdicca, R.: Experiência de realidade aumentada: Da aquisição de alta resolução aos conteúdos aumentados em tempo real. Avanços em Multimédia 2014, 18 (2014)

De Paolis, L.T., Ricciardi, F., Manes, C.L.: Realidade aumentada na ablação por radiofrequência dos tumores hepáticos. In: Visão Computacional e Processamento de Imagens Médicas V: Actas da 5ª Conferência Temática da Eccomas sobre Visão Computacional e Processamento de Imagens Médicas (VipIMAGE 2015, Tenerife, Espanha, 19-21 de outubro de 2015). p. 279. CRC Press (2015)

Kim, S., Nussbaum, M.A., Gabbard, J.L.: Realidade aumentada "óculos inteligentes" no local de trabalho: perspetivas da indústria e desafios para a segurança e saúde dos trabalhadores. IIE transactions on occupational ergonomics and human factors 4(4), 253-258 (2016)

Kim, W., Kerle, N., Gerke, M.: Realidade aumentada móvel para apoiar a avaliação dos danos e da segurança dos edifícios. Riscos naturais e ciências do sistema terrestre 16(1), 287 (2016)

Langfinger, M., Schneider, M., Stricker, D., Schotten, H.D.: Abordando desafios de segurança em sistemas industriais de realidade aumentada. In: 2017 IEEE 15th International Conference on Industrial Informatics (INDIN). pp. 299-304. IEEE (2017)

Liu, C., Huot, S., Diehl, J., Mackay, W., Beaudouin-Lafon, M.: Avaliação dos benefícios do feedback em tempo real na realidade aumentada móvel com dispositivos portáteis. In: Anais da conferência anual da ACM de 2012 sobre Fatores Humanos em Sistemas Computacionais - CHI '12. Association for Computing Machinery (ACM) (2012), https://doi.org/10.1145%2F2207676.2208706

10. Pierdicca, R., Frontoni, E., Pollini, R., Trani, M., Verdini, L.: A utilização de óculos de realidade aumentada para a aplicação na indústria 4.0. In: Conferência Internacional sobre Realidade Aumentada, Realidade Virtual e Computação Gráfica. pp. 389-401. Springer(2017)

11. Pierdicca, R., Frontoni, E., Zingaretti, P., Mancini, A., Malinverni, E.S., Tassetti,A.N., Marcheggiani, E., Galli, A.: Manutenção inteligente das margens dos rios utilizando uma camada de dados padrão e realidade aumentada. Computers & Geosciences 95, 67-74 (2016)

Remondino, M.: Applicazioni delle tecnologie immersive nell'industria e realtà aumentata come innovazione di processo nella logistica: stato dell'arte ed implicazionimanageriali

Salah, H., MacIntosh, E., Rajakulendran, N.: Wearable tech: leveraging Canadianinnovation to improve health. MaRS Discovery District (2014)

Talmaki, S.A., Dong, S., Kamat, V.R.: Bases de dados geoespaciais e visualização de realidade aumentada para melhorar a segurança em operações de escavação urbana. In: ConstructionResearch Congress 2010: Innovation for Reshaping Construction Practice. pp. 91-101(2010)

Tatić, D.: Um sistema de realidade aumentada para melhorar a saúde e a segurança na indústria electro-energética. Facta Universitatis, Série: Eletrónica e Energética31(4), 585-598 (2018)

Tatić, D., Tešić, B.: A aplicação de tecnologias de realidade aumentada para a melhoria da segurança ocupacional num ambiente industrial. Computers inIndustry 85, 1-10 (2017)

Blokker P., New Democracies in Crisis? A Comparative Constitutional Study of the Czech Republic, Hungary, Poland, Romania and Slovakia, Oxon: Routledge 2014. Bozóki A., "Occupy the State: The Orbán Regime in Hungary", Journal of Contemporary Central and Eastern Europe 2011, Vol. 19, No. 3, pp. 649-663.

X. Zhou, J. Wei, H. Zhang, K. Liu, H. Wang, Adsorção de ésteres de ácido ftálico (PAEs) por polipropileno anfifílico não tecido de solução aquosa: o estudo do microdomínio hidrofílico e hidrofóbico, J. Hazard. Mater. 273 (2014) 61-69.

F. Farukh, E. Demirci, B. Sabuncuoglu, M. Acar, B. Pourdeyhimi, V.V. Silberschmidt, Numerical modelling of damage initiation in low-density thermally bonded nonwovens, Comput. Mater. Sci. 64 (2012) 112-115.

F. Lundell, L.D. Soderberg, P.H. Alfredsson, Fluid mechanics of papermaking, Annu. Rev. Fluid Mech. 43 (2011) 195-217.

L. Jimenez, I. Perez, F. Lopez, J. Ariza, A. Rodrıguez, Ethanol-acetone pulping of wheat straw. Influence of the cooking and the beating of the pulps on the properties of the resulting paper sheets, Bioresour. Technol. 83 (2002) 139-143.

C. Zhou, C. Dai, G.D. Smith, Modelação da formação do perfil de densidade vertical para compósitos de madeira à base de strand durante a prensagem a quente: Parte 1. Desenvolvimento do modelo, Compos. Part B 42 (2011) 1350-1356.

B.B. Li, Z.F. Chen, Z. Chen, J.L. Qiu, Y.Q. Zhou, J.M. Zhou, Lã de vidro preparada sob várias velocidades de rotação por processo centrífugo-spinneret-blow, Adv. Mater. Res. 457-458 (2012) 1573-1576.

J.L. Lowery, N. Datta, G.C. Rutledge, Effect of fiber diameter, pore size and seeding method on growth of human dermal fibroblasts in electrospun poly (ε-caprolactone) fibrous mats, Biomaterials 31 (2010) 491-504.

O.J. Rojas, M.A. Hubbe, The dispersion science of papermaking, J. Dispers. Sci. Technol. 25 (2004) 713-732.

T. Xie, S.M. Ghiaasiaan, S. Karrila, T. McDonough, Flow regimes and gas holdup in paper pulp-water-gas three-phase slurry flow, Chem. Eng. Sci. 58 (2003) 1417-1430.

T. Xie, S.M. Ghiaasiaan, S. Karrila, Flow regime identification in gas/liquid/pulp fiber slurry flows based on pressure fluctuations using artificial neural networks, Ind. Eng. Chem. Res. 42 (2003) 7017-7024.

H. Cui, J.R. Grace, Flow of pulp fibre suspension and slurries: a review, Int. J. Multiphase Flow 33 (2007) 921-934.

H. Bennis, R. Benslimane, S. Vicini, A. Mairani, A.E. Princi, Medição da largura da fibra e quantificação da distribuição do tamanho da carga em materiais à base de papel por SEM e análise de imagem, J. Electron Microsc. 59 (2010) 91-102.

M. Keshtkar, M.C. Heuzey, P.J. Carreau, Rheological behavior of fiber-filled model suspensions: effect of fiber flexibility, J. Rheol. 53 (2009) 631-650.

H. Lindqvist, Improvement of wet and dry web properties in papermaking by controlling water and fiber qualityDissertação académica da Universidade Åbo Akademi, Finlândia, 2013.

H. Chi, H. Li, W. Liu, H. Zhan, O comportamento de retenção e drenagem do quitosano quaternário no sistema de fabrico de papel, Colloids Surf. A Physicochem. Eng. Asp. 297 (2007) 147-153.

R. Jarabo, E. Fuente, M.C. Monte, H.S. Jr, P. Mutjé, C. Negro, Use of cellulose fibers from hemp core in fiber-cement production. Efeito na floculação, retenção, drenagem e propriedades do produto, Ind. Crop. Prod. 39 (2012) 89-96.

X. Fan, N. Phan-Thien, R. Zheng, Uma simulação direta de suspensões de fibras, J. NonNewtonian Fluid Mech. 74 (1998) 113-135.

M.K. Ramasubramanian, D.A. Shiffler, A. Jayachandran, Uma modelação por dinâmica de fluidos computacional e um estudo experimental do processo de mistura para dispersão de fibras sintéticas na formação de camadas húmidas, J. Eng. Fibers Fabr. 3 (2008) 11-18.

S.G. Sveegaard, K. Keiding, M.L. Christensen, Compressão e inchaço de bolos de lamas activadas durante a desidratação, Water Res. 46 (2012) 4999-5008.

J. Olivier, J. Vaxelaire, P. Ginisty, Gravity drainage of activated sludge: from laboratory experiments to industrial process, J. Chem. Technol. Biotechnol. 79 (2004) 461-467.

M.L. Christensen, K. Keiding, Modelo numérico de drenagem por gravidade de lamas orgânicas compressíveis, Powder Technol. 217 (2012) 189-198.

D. Yan, K. Li, Avaliação da ligação inter-fibras em fibras de polpa de madeira por microscopia de força química, J. Mater. Sci. Res. 2 (2013) 23-33.

M. Rajabian, C. Dubois, M. Grmela, P.J. Carreau, Efeitos das interações polímero-fibra na reologia e no comportamento de fluxo de suspensões de fibras semi-flexíveis em líquidos poliméricos, Rheol. Ata 47 (2008) 701-717.

S. Jeon, W. Na, Y. Choi, M. Lee, H. Kim, W. Yu, Monitorização in situ de alterações estruturais em tapetes não tecidos sob carga de tração utilizando tomografia computorizada de raios X, Compos. Part A 63 (2014) 1-9.

C. Liu, T. Ko, E. Chang, H. Lyu, Y. Liao, Effect of carbon fiber paper made from carbon felt with different yard weights on the performance of low temperature proton exchange membrane fuel cells, J. Power Sources 180 (2008) 276-282.

F. Farukh, E. Demirci, B. Sabuncuoglu, M. Acar, B. Pourdeyhimi, V.V. Silberschmidt, Numerical analysis of progressive damage in nonwoven fibrous networks under tension, Int. J. Solids Struct. 51 (2014) 1670-1685.

X. Li, H. Liu, J. Wang, C. Li, Preparação e caraterização de tapetes não tecidos de poli (ε-caprolactona) via eletrofiação por fusão, Polímero 53 (2012) 248-253.

Agência de Normalização da Etiópia, Pastas de papel - Determinação da capacidade de escoamento - Parte 1: Método Schopper-Riegler. ISO 5267. 1, 2012.

U. Wahjudi, G.G. Duffy, R.P. Kibblewhite, An evaluation of three formation testers using radiata pine and spruce kraft pulps, Appita J. 51 (1998) 423-427.

C.F. Schmid, L.H. Switzer, D.J. Klingenberg, Simulações de floculação de fibras: efeitos das propriedades das fibras e fricção interfibras, J. Rheol. 44 (2000) 781-809.

Y. Liang, N. Hilal, P. Langston, V. Starov, Forças de interação entre partículas coloidais em líquido: teoria e experiência, Adv. Colloid Interf. Sci. 134-135 (2007) 151-166.

R.J. Kerekes, C.J. Schell, Characterization of fiber flocculation regimes by a crowding fator, J. Pulp Pap. Sci. 18 (1992) 32-38.

R.M. Soszynski, R.J. Kerekes, Elastic interlocking of nylon fibres suspended in liquid, part 2: process of interlocking, Nord. Pulp Pap. Res. J. 3 (1988) 180-184.

M.A. Hubbe, J.A. Heitmann, Review of factors affecting the release of water from cellulosic fibers during paper manufacture, BioResources 2 (2007) 500-533.

T. Lindström, L. Wågberg, T. Larsson, On the nature of joint strength in paper - a review of dry and wet strength resins used in paper manufacturing, 13th Fundamental Research Symposium. Cambridge, 2005.

A. Judasz, Estimation of impact of alternative papermaking additives on paper web dewatering intensity and paper propertiesTese de mestrado Universidade Técnica de Lodz, 2009.

R. Hagglund, P. Isaksson, On the coupling between macroscopic material degradation and interfiber bond fracture in an idealized fiber network, Int. J. Solids Struct. 45 (2008) 868-878.

P. Isaksson, R. Hagglund, Evolução de fracturas de ligação numa rede de fibras distribuída aleatoriamente, Int. J. Solids Struct. 44 (2007) 6135-6147.

Hasan M. Expansão económica da energia com produção e consumo nos países BRICS. Energy Strategy Rev 2022;44:101005. https://doi.org/10.1016/j. esr.2022.101005.

Thorat BN, Sonwani RK. Tecnologias actuais e perspectivas futuras para o tratamento de águas residuais complexas de refinarias de petróleo: A review. Bioresour Technol 2022;355:127263. https://doi.org/10.1016/j.biortech.2022.127263.

Sun L-H, Wang Y-Y, Gong Y-Q. Avaliação do ciclo de vida da produção de óleo de farelo de arroz: um estudo de caso na China. Environ Sci Pollut Res 2022;29(26):39847-59. https://doi. org/10.1007/s11356-021-18172-0.

Kim Y, Shim J, Choi J-W, Suh DJ, Park Y-K, Lee U, et al. Produção de fluxo contínuo de combustíveis de substituição de petróleo a partir de óleo de pirólise de lignina Kraft altamente viscoso utilizando o seu óleo hidrocraqueado como solvente. Energy Convers Manage 2020;213: 112728. https://doi.org/10.1016/j.enconman.2020.112728.

Balamurugan T, Arun A, Sathishkumar GB. Biodiesel derivado de óleo de milho - Um substituto de combustível para o diesel. Renew Sustain Energy Rev 2018;94:772-8. https://doi.org/ 10.1016/j.rser.2018.06.048.

Yan P, Xiao C, Xu L, Yu G, Li A, Piao S, et al. Biomass energy in China's terrestrial ecosystems: Insights sobre o fornecimento de energia sustentável do país. Renew Sustain Energy Rev 2020;127:109857. https://doi.org/10.1016/j.rser.2020.109857.

Wang Z, Bui Q, Zhang B, Thi Le Hoa P. Biomass energy production and its impacts on the ecological footprint: Uma investigação dos países do G7. Sci Total Environ 2020;743:140741. https://doi.org/10.1016/j.scitotenv.2020.140741.

UR dinamarquês. Ligando a energia de biomassa e as emissões de CO2 na China usando simulações dinâmicas de Lag Distribuído Autoregressivo. J Clean Prod 2020;250:119533. https://doi.org/10.1016/j.jclepro.2019.119533.

Kumar R, Strezov V, Weldekidan H, He J, Singh S, Kan T, et al. Lignocellulose biomass pyrolysis for bio-oil production: Uma revisão dos métodos de pré-tratamento de biomassa para a produção de combustíveis drop-in. Renew Sustain Energy Rev 2020;123: 109763. https://doi.org/10.1016/j.rser.2020.109763.

Liu R, Sarker M, Rahman MM, Li C, Chai M, Nishu, et al. Complexidades em várias escalas de catalisadores de ácido sólido na pirólise rápida catalítica de biomassa para produção de bio-óleo - Uma revisão. Prog Energy Combust Sci 2020;80:100852. https://doi.org/ 10.1016/j.pecs.2020.100852.

Yang Y, Xu X, He H, Huo D, Li X, Dai L, et al. A hidrodeoxigenação catalítica de bio-óleo para atualização a partir de biomassa lignocelulósica. Int J Biol Macromol 2023; 242:124773. https://doi.org/10.1016/j.ijbiomac.2023.124773.

Al Jamri M, Li J, Smith R. Caracterização molecular de misturas de óleo de pirólise de biomassa e fracções de petróleo. Comput Chem Eng 2020;140:106906. https://doi.org/ 10.1016/j.compchemeng.2020.106906.

Liu Y, Chen L, Chen Y, Zhang X, Liu J, Liu Q, et al. Estudo piloto sobre a produção de combustível para aviação a partir da conversão catalítica de palha de milho. Bioresour Technol 2023;372: 128653. https://doi.org/10.1016/j.biortech.2023.128653.

Zhu H, Mao Z, Luo B, Yang T, Feng X, Jin H, et al. Regulando a morfologia do catalisador para aumentar a estabilidade do catalisador Ni-Mo / Al2O3 para hidrotratamento de resíduos em leito ebulido. Green Energy Environ 2021;6(2):283-90. https://doi.org/10.1016/ j.gee.2020.05.001.

Wang J, Tong Y, Yang T, Ge H, Meng Z. Processo de reação de hidrogenação de hidrocarbonetos pesados em leito ebullated. China Pet Process Petrochemical Technol 2021;23 (4):113-20.

Manek E, Haydary J. Investigação do reciclo de líquido na cascata do reator de uma unidade de hidrocraqueamento de leito ebulado à escala industrial. Chin J Chem Eng 2019;27(2): 298–304. https://doi.org/10.1016/j.cjche.2018.06.023.

Schweitzer JM, Kressmann S. Ebullated bed reator modeling for residue conversion. Chem Eng Sci 2004;59(22-23):5637-45. https://doi.org/10.1016/j. ces.2004.08.018.

Cheng Z-M, Huang Z-B, Yang T, Liu J-K, Ge H-L, Jiang L-J, et al. Modelação do aumento de escala de um reator de leito ebulido para o hidroprocessamento de vácuo residual. Catal Today 2014;220:228-36. https://doi.org/10.1016/j.cattod.2013.08.021.

Kam EKT, Jasam F, Al-Mashan M. Catalyst attrition in ebullated-bed hydrotreator operations (atrito do catalisador em operações de hidrotratores de leito fluidizado). Catal Today 2001;64(3-4):297-308. https://doi.org/10.1016/s0920- 5861(00)00533-2.

Fan S, Zhang M, Li H. C dopado com zircónio aumentou a hidrodeoxigenação da biomassa sobre catalisadores de Pd com carga extremamente baixa. Fuel 2022;315:123060. https://doi.org/ 10.1016/j.fuel.2021.123060.

Xu H, Ju J, Li H. Em direção a catalisadores heterogéneos eficientes para a hidrodesoxigenação in-situ da biomassa. Fuel 2022;320:123891. https://doi.org/10.1016/ j.fuel.2022.123891.

Tailleur RG, Caprioli L. Catalyst pore plugging effects on hydrocracking reactions in an Ebullated bed reator operation. Catal Today 2005;109(1-4):185-94. https://doi.org/10.1016/j.cattod.2005.08.026

Morales-Leal FJ, Ancheyta J, Torres-Mancera P, Alonso F. Metodologias experimentais para realizar estudos de desativação acelerada de catalisadores de hidrotratamento. Fuel 2023;332:126074. https://doi.org/10.1016/j.fuel.2022.126074.

Zacher AH, Elliott DC, Olarte MV, Wang H, Jones SB, Meyer PA. Avanços tecnológicos no hidroprocessamento de bio-óleos. Biomassa Bioenergia 2019;125: 151-68. https://doi.org/10.1016/j.biombioe.2019.04.015.

Cao J, Zhang Y, Wang L, Zhang C, Zhou C. Catalisadores à base de MoS2 sem suporte para a hidrodeoxigenação de bio-óleo: Avanços recentes e perspectivas futuras. Front Chem 2022;10:928806. https://doi.org/10.3389/fchem.2022.928806.

Chiranjeevi T, Pragya R, Gupta S, Gokak DT, Bhargava S. Minimização de resíduos de catalisador gasto em refinarias. 5ª Conferência Internacional sobre Gestão de Resíduos Sólidos (IconSWM). 35. Bengaluru, ÍNDIA; 2015:610-7.

Zhang X, Zong B, Qiao M. Reativação do catalisador Pd/AC usado por extração de fluido de CO2 supercrítico. AlChE J 2009;55(9):2382-8. https://doi.org/10.1002/ aic.11840.

Trimm DL. A regeneração da eliminação de catalisadores heterogéneos desactivados. Appl Catal A-Gen 2001;212(1-2):153-60. https://doi.org/10.1016/s0926-860x (00)00852-8.

Mann MJ. Lavagem do solo à escala real e à escala piloto. J Hazard Mater 1999;66(1-2): 119–36. https://doi.org/10.1016/s0304-3894(98)00207-6.

Sierra C, Gallego JR, Afif E, Menendez-Aguado JM, Gonzalez-Coto F. Análise da eficácia da lavagem do solo para remediar um campo castanho poluído com cinzas de pirite. J Hazard Mater 2010;180(1-3):602-8. https://doi.org/10.1016/j. jhazmat.2010.04.075.

Fukuyama H, Terai S, Uchida M, Cano JL, Ancheyta J. Catalisador de carbono ativo para o melhoramento de óleos pesados. Catal Today 2004;98(1-2):207-15. https://doi.org/10.1016/ j.cattod.2004.07.054.

Ostrovskii NM. Coqueamento de catalisadores: Mechanisms, models, and influence. Kinet Catal 2022;63(1):52-66. https://doi.org/10.1134/s0023158422010062.

Huang Y, Wang H-l, Tian J, Li J, Fu P, He F. Estudo teórico sobre as caraterísticas de acoplamento centrífugo de auto-rotação e revolução de partículas em hidrociclones. Sep Purif Technol 2020;244:116552. https://doi.org/10.1016/j.seppur.2020.116552.

Huang Y, Li J-p, Zhang Y-h, Wang H-l. Rotação de partículas de alta velocidade para remoção de óleo de revestimento por hidrociclone. Sep Purif Technol 2017;177:263-71.

Fu P-B, Wang H-L, Li J-P, Huang Y, Fang Y-L, Yuan W, et al. Despoeiramento de gás ciclónico e classificação da aceleração do fluxo de gás para a utilização de recursos de catalisadores usados no processo de hidrotratamento de resíduos. J Clean Prod 2018;190:689-702. https://doi.org/10.1016/j.jclepro.2018.04.203.

Shi D, Huang Y, Wang H, Yuan W, Fu P. Deoiling de catalisador revestido de óleo usando auto-rotação de suspensão de alta velocidade no ciclone. Sep Purif Technol 2019;210:117-24. https://doi.org/10.1016/j.seppur. 2018.03.059.

Li J-p, Wang Y, Chang Y-l, Huang Y, Jiang X, Wang H-l, et al. Teste de modelo frio de ativação de catalisador in-situ por auto-rotação giratória em reator de leito ebulido para hidrogenação de óleos de pirólise de biomassa. Chem Eng J 2021;406:126909. https://doi. org/10.1016/j.cej.2020.126909. [38] Bradley D, Pulling DJ. Padrões de fluxo no ciclone hidráulico e sua interpretação em termos de desempenho. Trans Inst Chem Eng 1959;37:34-45.

Bertani, R, 2012. Produção de energia geotérmica no mundo 2005-2010 relatório de atualização. Geothermics 41, 1-29. Crowson, P, 2018. Intensidade de uso reexaminada. Miner. Econ. 31, 61-70.

Kelly, T.D., Matos, G.R., 2015 Historical statistics for mineral and material commodi- ties in the United States. Reston, VA, EUA: U. S. Geological Survey Data Se- ries, 140.

Langkau, S., Espinoza, L. A. T., 2018. Mudança tecnológica e procura de metais ao longo do tempo: o que podemos aprender com o passado? Sustain. Mater. Technol. 16, 54-59.

Li, J.H, 2018. A ascensão da quarta revolução industrial e a escolha da China. J. Xinjiang Norm. Univ. Ed. Philos. Soc. Sci. 39, 77-86, 2.

Li, W., Long, G.Q., Zhang, L., Zhao, J.P., Ma, M.J., Dai, J.J., Xiong, H.R., 2019. Influência e resposta da transformação digital no padrão de produção e economia global. China Policy Rev. (1), 62-66.

Li, W., Long, G.Q., Zhang, Q., Zhao, J.P., Wang, J.Z., Zhao, F.J., 2018. Alterações na configuração da economia internacional e na escolha estratégica da China nos próximos 15 anos. Manag. World 34, 1-12.

Liu, X.L, 2019. Oportunidades e desafios da quarta revolução industrial. J. Xinji- ang Norm. Univ. Ed. Philos. Soc. Sci. 40, 123-130.

Ma, Y.H, 2010. Revisão da história da industrialização americana. World Reg. Stud. 19, 81-87. Menzie, W.D., Deyoung, J.H., Steblez W.G., 2003. Some implications of changing pat- terns of mineral consumption. Reston, VA, EUA: relatório de arquivo aberto 03-382 do Serviço Geológico dos EUA: 1-35.

Nassar, N. T., Brainard, J., Gulley, A., Manley, R., Matos, G., Lederer, G., Bird, L. R., Pineault, D., Alonso, E., Gambogi, J., Fortier, S.M., 2020. Avaliando o risco de fornecimento de commodities minerais do setor manufatureiro dos EUA. Sci. Adv. 6: DOI:10.1126/ sciadv.aay8647.

Steffen, W., Broadgate, W., Deutsch, L., Gaffney, O., Ludwig, C., 2015. A trajetória do antropoceno: a grande aceleração. Anthropocene Rev. 2, 81-98.

Steffen, W., Crutzen, J., McNeill, J.R, 2007. O Antropoceno: estarão os humanos a ultrapassar as grandes forças da Natureza? Ambio 36, 614-621.

Gabinete do Censo dos EUA, 1975. Historical statistics of the United States, Colonial Times to 1970 (edição do Bicentenário, parte 2).

Washington, DC, EUA: Gabinete do Censo dos EUA. Administração da Informação sobre Energia dos EUA, 2019. Revisão mensal de energia (janeiro de 2019). Washington, DC, EUA: Administração de Informação sobre Energia dos EUA, Departamento de Energia dos EUA.

Wang A. J., Wang, G. S., Chen, Q. S., Yu, W. J, 2010. A teoria da procura de recursos minerais e o modelo de previsão. Ata Geosci. Sin. 31, 137-147.

Wang, R, 2015. O curso da industrialização na América moderna e sua revelação. Fórum do Rio das Pérolas (3), 3-21.

Wen, B.J., Chen, Y.C., Wang, G.S., Dai, T, 2019. A demanda da China por energia e recursos minerais até 2035. Eng. Sci. 21, 68-73.

Grupo do Banco Mundial, 2017. O papel crescente dos minerais e metais para uma fu- tura de baixo carbono. Banco Mundial, Washington, DC.

Zheng, X.Y., Wu, S.M., Li, F.H, 2019. Alterações na estrutura económica e tendências nas futuras necessidades energéticas da China. Soc. Sci. China (2), 92-112, 206.

Ziagos, J., Phillips, B.R., Boyd, L., 2013. Um roteiro tecnológico para o desenvolvimento estratégico de sistemas geotérmicos melhorados. Programa Geotérmico de Stanford. Procedimentos do 38º workshop sobre engenharia de reservatórios geotérmicos. Stanford, CA, EUA: Universidade de Stanford

Abakarov, A., Pronina, Y., 2022. Crescimento ambientalmente assistido de múltiplas fissuras agrupadas em configurações empilhadas. Procedia Structural Integrity 42, 1046-1053 doi: 10.1016/j.prostr.2022.12.132

Anguiano, M., Masud, A., Rajagopal, K. R., 2022. Modelo de mistura para processos termo-químico-mecânicos em sólidos infundidos com fluido. Jornal Internacional de Ciências da Engenharia 174, 103576. doi: 10.1016/j.ijengsci.2021.103576

Awrejcewicz, J., Krysko, A., Krylova, E. Y., Yaroshenko, T., Zhigalov, M., Krysko, V., 2020. Análise do comportamento de placas elástico-plásticas flexíveis / conchas sob campos mecânicos / térmicos acoplados e desgaste por corrosão unilateral. Int. J. Non-Linear Mechanics 118, 103302.

Butusova, Y. N., Mishakin, V. V., Kachanov, M., 2020. Sobre o monitoramento do estágio de incubação da fissuração por corrosão sob tensão em aço pelo método Eddy Current. Jornal Internacional de Ciências da Engenharia 148, 103212

Chernykh, K.F., 1980. Nonlinear Theory of Isotropic Elastic Thin Shells. Mechanics of Solids, No. 2, 148-159 (em russo). Dolinskii, V. M., 1967. Cálculos em Tubos Carregados Expostos à Corrosão. Chemical and Petroleum Engineering 3(2), 96-97

Elishakoff I., Ghyselinck G., Miglis Y., 2012. Durabilidade de uma Barra Elástica sob Tensão com Relação Linear ou Não Linear entre Taxa de Corrosão e Tensão. Jornal de Mecânica Aplicada, Trans. ASME 79 (2), 021013.

Gutman, E. M., 1994. Mechanochemistry of Solid Surfaces. World Scientific, Singapura. Gutman, E., Bergman, R., Levitsky, S., 2016. Influência da Corrosão Uniforme Interna na Perda de Estabilidade de uma Concha Esférica de Paredes Finas Sujeita a Pressão Externa. Corrosion Science 111, 212-215. doi:10.1016/j.corsci.2016.04.018.

A revolução do vidro: Conceção de edifícios transparentes

Shahide Dehghan[1], Hoosein Norouzi[2], Hossein Gholami[3]

[1]Departamento de Geografia, Secção de Najafabad, Universidade Islâmica Azad, Najafabad, Irão

[2] Departamento de Engenharia Civil, Isfahan (Khorasgan) Branch, Islamic Azad University, Isfahan, Irão

[3]Departamento de Engenharia Civil, Isfahan (Khorasgan) Branch, Islamic Azad University, Isfahan, Irão

yes **I want** morebooks!

Buy your books fast and straightforward online - at one of world's fastest growing online book stores! Environmentally sound due to Print-on-Demand technologies.

Buy your books online at
www.morebooks.shop

Compre os seus livros mais rápido e diretamente na internet, em uma das livrarias on-line com o maior crescimento no mundo! Produção que protege o meio ambiente através das tecnologias de impressão sob demanda.

Compre os seus livros on-line em
www.morebooks.shop

Printed by Books on Demand GmbH, Norderstedt / Germany